海上絲綢之路基本文獻叢書

續茶經（上）

〔清〕陸廷燦 輯

文物出版社

圖書在版編目（CIP）數據

續茶經．上 /（清）陸廷燦輯． -- 北京 : 文物出版社，2023.3
（海上絲綢之路基本文獻叢書）
ISBN 978-7-5010-7926-1

Ⅰ．①續… Ⅱ．①陸… Ⅲ．①茶文化－中國－古代 Ⅳ．①TS971.21

中國國家版本館 CIP 數據核字（2023）第 026237 號

海上絲綢之路基本文獻叢書

續茶經（上）

輯　　者：〔清〕陸廷燦
策　　劃：盛世博閱（北京）文化有限責任公司

封面設計：鞏榮彪
責任編輯：劉永海
責任印製：王　芳

出版發行：文物出版社
社　　址：北京市東城區東直門内北小街 2 號樓
郵　　編：100007
網　　址：http://www.wenwu.com
經　　銷：新華書店
印　　刷：河北賽文印刷有限公司
開　　本：787mm×1092mm　1/16
印　　張：18.5
版　　次：2023 年 3 月第 1 版
印　　次：2023 年 3 月第 1 次印刷
書　　號：ISBN 978-7-5010-7926-1
定　　價：98.00 圓

總緒

海上絲綢之路，一般意義上是指從秦漢至鴉片戰争前中國與世界進行政治、經濟、文化交流的海上通道，主要分爲經由黄海、東海的海路最終抵達日本列島及朝鮮半島的東海航綫和以徐聞、合浦、廣州、泉州爲起點通往東南亞及印度洋地區的南海航綫。

在中國古代文獻中，最早、最詳細記載『海上絲綢之路』航綫的是東漢班固的《漢書·地理志》，詳細記載了西漢黄門譯長率領應募者入海『齎黄金雜繒而往』之事，書中所出現的地理記載與東南亞地區相關，并與實際的地理狀况基本相符。

東漢後，中國進入魏晋南北朝長達三百多年的分裂割據時期，絲路上的交往也走向低谷。這一時期的絲路交往，以法顯的西行最爲著名。法顯作爲從陸路西行到印度，再由海路回國的第一人，根據親身經歷所寫的《佛國記》（又稱《法顯傳》）一書，詳細介紹了古代中亞和印度、巴基斯坦、斯里蘭卡等地的歷史及風土人情，是瞭解和研究海陸絲綢之路的珍貴歷史資料。

隨着隋唐的統一，中國經濟重心的南移，中國與西方交通以海路爲主，海上絲綢之路進入大發展時期。廣州成爲唐朝最大的海外貿易中心，朝廷設立市舶司，專門管理海外貿易。唐代著名的地理學家賈耽（七三〇～八〇五年）的《皇華四達記》記載了從廣州通往阿拉伯地區的海上交通『廣州通海夷道』，詳述了從廣州港出發，經越南、馬來半島、蘇門答臘島至印度、錫蘭，直至波斯灣沿岸各國的航綫及沿途地區的方位、名稱、島礁、山川、民俗等。譯經大師義净西行求法，將沿途見聞寫成著作《大唐西域求法高僧傳》，詳細記載了海上絲綢之路的發展變化，是我們瞭解絲綢之路不可多得的第一手資料。

宋代的造船技術和航海技術顯著提高，指南針廣泛應用於航海，中國商船的遠航能力大大提升。北宋徐兢的《宣和奉使高麗圖經》詳細記述了船舶製造、海洋地理和往來航綫，是研究宋代海外交通史、中朝友好關係史、中朝經濟文化交流史的重要文獻。南宋趙汝适《諸蕃志》記載，南海有五十三個國家和地區與南宋通商貿易，形成了通往日本、高麗、東南亞、印度、波斯、阿拉伯等地的『海上絲綢之路』。宋代爲了加强商貿往來，於北宋神宗元豐三年（一〇八〇年）頒布了中國歷史上第一部海洋貿易管理條例《廣州市舶條法》，并稱爲宋代貿易管理的制度範本。

元朝在經濟上採用重商主義政策，鼓勵海外貿易，中國與世界的聯繫與交往非常頻繁，其中馬可·波羅、伊本·白圖泰等旅行家來到中國，留下了大量的旅行記，記録元代海上絲綢之路的盛况。元代的汪大淵兩次出海，撰寫出《島夷志略》一書，記録了二百多個國名和地名，其中不少首次見於中國著録，涉及的地理範圍東至菲律賓群島，西至非洲。這些都反映了元朝時中西經濟文化交流的豐富内容。

明、清政府先後多次實施海禁政策，海上絲綢之路的貿易逐漸衰落。但是從明永樂三年至明宣德八年的二十八年裏，鄭和率船隊七下西洋，先後到達的國家多達三十多個，在進行經貿交流的同時，也極大地促進了中外文化的交流，這些都詳見於《西洋蕃國志》《星槎勝覽》《瀛涯勝覽》等典籍中。

關於海上絲綢之路的文獻記述，除上述官員、學者、求法或傳教高僧以及旅行者的著作外，自《漢書》之後，歷代正史大都列有《地理志》《四夷傳》《西域傳》《外國傳》《蠻夷傳》《屬國傳》等篇章，加上唐宋以來衆多的典制類文獻、地方史志文獻，集中反映了歷代王朝對於周邊部族、政權以及西方世界的認識，都是關於海上絲綢之路的原始史料性文獻。

海上絲綢之路概念的形成，經歷了一個演變的過程。十九世紀七十年代德國地理學家費迪南・馮・李希霍芬(Ferdinad Von Richthofen，一八三三～一九〇五)，在其《中國：親身旅行和研究成果》第三卷中首次把輸出中國絲綢的東西陸路稱爲『絲綢之路』。有『歐洲漢學泰斗』之稱的法國漢學家沙畹(Edouard Chavannes，一八六五～一九一八)，在其一九〇三年著作的《西突厥史料》中提出『絲路有海陸兩道』，蘊涵了海上絲綢之路最初提法。迄今發現最早正式提出『海上絲綢之路』一詞的是日本考古學家三杉隆敏，他在一九六七年出版《中國瓷器之旅：探索海上的絲綢之路》中首次使用『海上絲綢之路』一詞；一九七九年三杉隆敏又出版了《海上絲綢之路》一書，其立意和出發點局限在東西方之間的陶瓷貿易與交流史。

二十世紀八十年代以來，在海外交通史研究中，『海上絲綢之路』一詞逐漸成爲中外學術界廣泛接受的概念。根據姚楠等人研究，饒宗頤先生是中國學者中最早提出『海上絲綢之路』的人，他的《海道之絲路與昆侖舶》正式提出『海上絲路』的稱謂。選堂先生評價海上絲綢之路是外交、貿易和文化交流作用的通道。此後，學者馮蔚然在一九七八年編寫的《航運史話》中，也使用了『海上絲綢之路』一詞，此書更多地限於航海活動領域的考察。一九八〇年北京大學陳炎教授提出『海上絲綢之路』研究，并於一九八一年發表《略論海上絲綢之路》一文。他對海上絲綢之路的理解超越以往，且帶有濃厚的愛國主義思想。陳炎教授之後，從事研究海上絲綢之路的學者越來越多，尤其沿海港口城市向聯合國申請海上絲綢之路非物質文化遺産活動，將海上絲綢之路研究推向新高潮。另外，國家把建設『絲綢之路經濟帶』和『二十一世紀海上絲綢之路』作爲對外發展方針，將這一學術課題提升爲國家願景的高度，使海上絲綢之路形成超越學術進入政經層面的熱潮。

與海上絲綢之路學的萬千氣象相對應，海上絲綢之路文獻的整理工作仍顯滯後，遠遠跟不上突飛猛進的研究進展。二〇一八年厦門大學、中山大學等單位聯合發起『海上絲綢之路文獻集成』專案，尚在醖釀當中。我們不揣淺陋，深入調查，廣泛搜集，將有關海上絲綢之路的原始史料文獻和研究文獻，分爲風俗物産、雜史筆記、海防海事、典章檔案等六個類别，彙編成《海上絲綢之路歷史文化叢書》，於二〇二〇年影印出版。此輯面市以來，深受各大圖書館及相關研究者好評。爲讓更多的讀者親近古籍文獻，我們遴選出前編中的菁華，彙編成《海上絲綢之路基本文獻叢書》，以單行本影印出版，以饗讀者，以期爲讀者展現出一幅幅中外經濟文化交流的精美畫卷，爲海上絲綢之路的研究提供歷史借鑒，爲『二十一世紀海上絲綢之路』倡議構想的實踐做好歷史的詮釋和注脚，從而達到『以史爲鑒』『古爲今用』的目的。

凡例

一、本編注重史料的珍稀性，從《海上絲綢之路歷史文化叢書》中遴選出菁華，擬出版數百册單行本。

二、本編所選之文獻，其編纂的年代下限至一九四九年。

三、本編排序無嚴格定式，所選之文獻篇幅以二百餘頁爲宜，以便讀者閱讀使用。

四、本編所選文獻，每種前皆注明版本、著者。

五、本編文獻皆爲影印，原始文本掃描之後經過修復處理，仍存原式，少數文獻由於原始底本欠佳，略有模糊之處，不影響閱讀使用。

六、本編原始底本非一時一地之出版物，原書裝幀、開本多有不同，本書彙編之後，統一爲十六開右翻本。

目録

續茶經（上）

續茶經（上）

原本茶經序至續茶經六之飲

〔清〕陸廷燦　輯

清雍正壽椿堂刻本

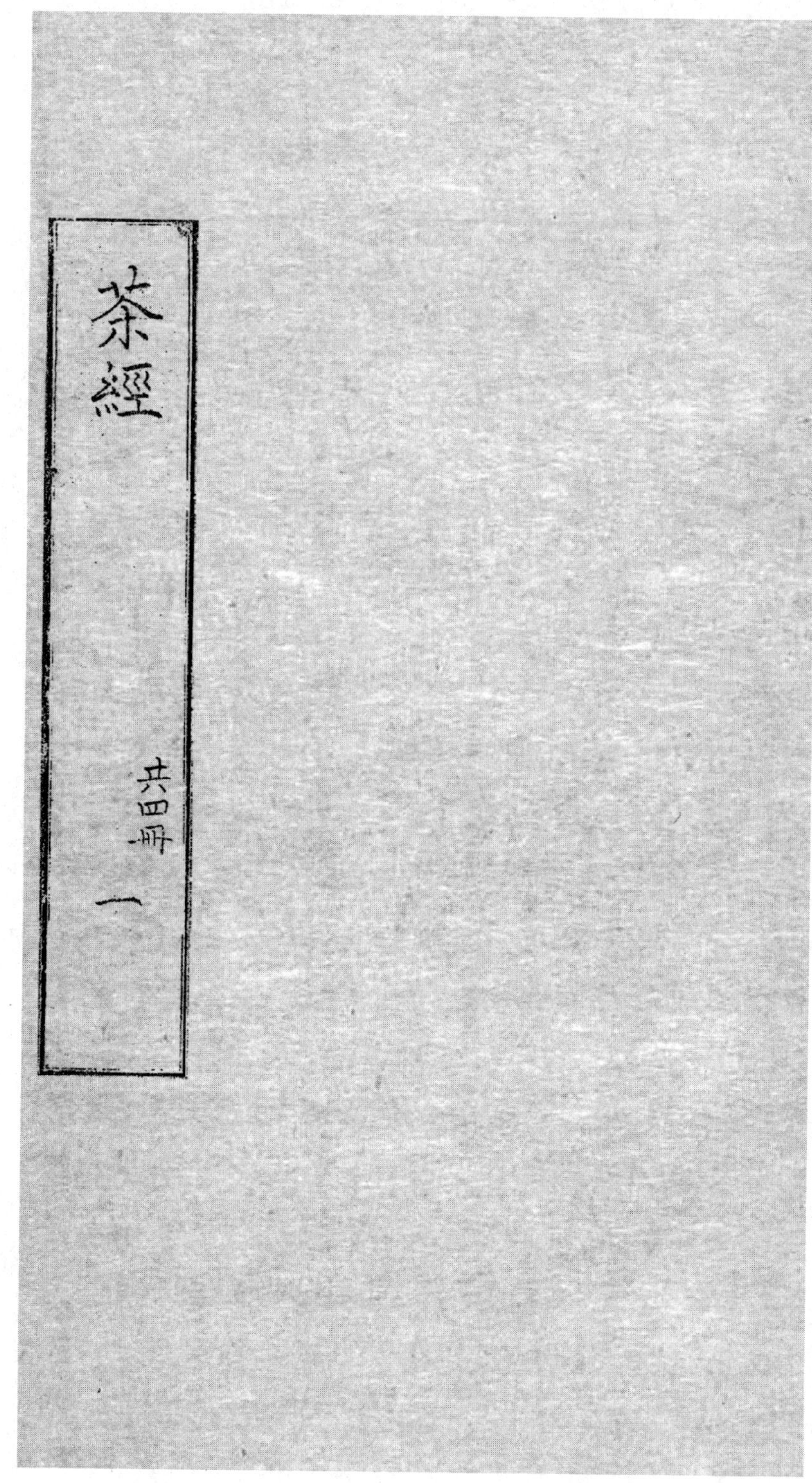
茶經
共四冊
一

嘉定陸幔亭手輯

續茶經

壽椿堂藏板

續茶經凡例

一茶經著自唐桑苧翁迄今千有餘載不獨製作各殊而烹飲迥異卽出產之處亦多不同余性嗜茶承乏崇安適係武夷產茶之地值制府滿公鄭重進　獻究悉源流每以茶事下詢查閱諸書於武夷之外每多見聞因思採集爲續茶經之舉曩以簿書鞅掌有志未逮及蒙量移奉文赴部以多病家居翻閱舊稿不忍委棄爰爲序次苐恐學術久荒見聞疎漏爲識者所鄙謹質之
高明幸有以教之幸甚

一茶經之後有茶記及茶譜茶錄茶論茶疏茶解等書不可枚舉而其書亦多湮沒無傳兹特採所見各書依茶經之例分之源之具之造之器之煑之飲之事之出之略至其圖無傳不敢臆補以茶具茶器圖足之

一茶經所載皆初唐以前之書今自唐宋元明以至本朝凡有緒論皆行採錄有其書在前而茶經未錄者亦行補入

一茶經原本止三卷恐續者太繁是以諸書所見止摘要分錄

一各書所引相同者不敢重複偶有議論各殊者姑兩存之以俟論定至歷代詩文暨 當代名公鉅卿著述甚多因仿茶經之例不敢備錄容俟另編以爲外集

一原本茶經另列卷首

一歷代茶法附後

原本茶經序

宋陳師道撰

陸羽茶經家傳一卷畢氏王氏書三卷張氏書四卷內外書十有一卷其文繁簡不同王畢氏書繁雜意其舊文張氏書簡明與家書合而多脱誤家書近古可考正曰七之事其下文乃合三書以成之錄爲二篇藏於家夫茶之著書自羽始其用於世亦自羽始羽誠有功於茶者也上自宫省下迨邑里外及戎夷蠻狄賓祀燕享預陳於前山澤以成市商賈以起家又有功於人者也可謂智矣經曰茶之否臧存之口

訣則書之所載猶其粗也夫茶之爲藝下矣至其精微書有不盡況天下之至理而欲求之文字紙墨之間其有得乎昔者先王因人而敎同欲而治凡有益於人者皆不廢也世人之說曰先王詩書道德而巳此乃世外執方之論枯槁自守之行不可羣天下而居也史稱羽持具飲李季卿季卿不爲賓主又著論以毀之夫藝者君子有之德成而後及所以同於民也不務本而趨末故藝成而下也學者謹之

序畢

唐書本傳

陸羽字鴻漸一名疾字季疵復州竟陵人不知所生或言有僧晨起聞湖傍羣鴈喧集以翼覆一嬰兒遂收畜之既長以易自筮得蹇之漸曰鴻漸于陸其羽可用爲儀乃以陸爲氏名而字之幼時其師教以旁行書答曰終鮮兄弟而絶後嗣得爲孝乎師怒使執糞除圬墁以苦之又使牧牛三十羽潛以竹畫牛背爲字得張衡兩都賦不能讀危坐効羣兒囁嚅若成誦狀師拘之令薙草莽當其記文字懵懵若有遺過目不作主者鞭苦因歎曰歲月往矣奈何不知書嗚

咽不自勝因亡去匿爲優人作詼諧數千言天寶中州人酺吏署羽伶師太守李齊物見異之授以書遂廬火門山貌倪陋口吃而辯聞人善若在已見有過者規切至忤人朋友燕處意有所行輒去人疑其多嗔與人期雨雪虎狼不避也上元初更隱苕溪自稱桑苧翁又號竟陵子東園先生東岡子闔門著書或獨行野中誦詩擊木徘徊不得意或慟哭而歸故時謂今接輿也久之詔拜羽太子文學徙太常寺太祝不就職貞元末卒羽嗜茶著茶經三篇言茶之源之法之具尤備天下益知飲茶矣時鬻茶者至陶羽形

置煬突間祀爲茶神有常伯熊者因羽論復廣著茶之功御史大夫李季卿宣慰江南次臨淮知伯熊善煮茶名之伯熊執器前季卿爲再舉盃至江南又有薦羽者召之羽衣野服挈具而入季卿不爲禮羽愧之更著毀茶論其後尚茶成風時回紇入朝始驅馬市茶

原本茶經卷上

唐竟陵陸　羽鴻漸撰

一之源

茶者南方之嘉木也一尺二尺乃至數十尺其巴山峽川有兩人合抱者伐而掇之其樹如瓜蘆葉如梔子花如白薔薇實如栟櫚葉如丁香根如胡桃瓜蘆木出廣州似茶至苦澀栟櫚蒲葵之屬其子似茶胡桃與茶根皆下孕兆至瓦礫苗木上抽其字或從草或從木或草木并從草當作茶其字出開元文字者義從木當作𣘻其字出本草草木并作茶其字出爾雅其名一曰茶二曰檟三曰蔎四曰茗五曰荈周公云檟苦茶楊執戟云蜀西南人謂茶曰蔎郭弘農云早取爲茶晚取爲茗或一曰荈

卟其地上者生爛石中者生櫟壤櫟字當從石爲礫下者生黄土凡藝而不實植而罕茂法如種瓜三歲可採野者上園者次陽崖陰林紫者上綠者次笋者上牙者次葉卷上葉舒次陰山坡谷者不堪採掇性凝滯結瘕疾茶之爲用味至寒爲飲最宜精行儉德之人若熱渴凝悶腦疼目澀四肢煩百節不舒聊四五啜與醍醐甘露抗衡也採不時造不精雜以卉莽飲之成疾茶爲累也亦猶人參上者生上黨中者生百濟新羅下者生高麗有生澤州易州幽州檀州者爲藥無効況非此者設服薺苨使六疾不瘳知人參爲累則

茶累盡矣

二之具

籯（加追反）一曰籃一曰籠一曰筥以竹織之受五升或一㪷二㪷三㪷者茶人負以採茶也（籯漢書音盈所謂黃金滿籯不如一經顏師古云籯竹器也容四升耳）

竈無用突者釜用脣口者

甑或木或瓦匪腰而泥籃以箄之篾以系之始其蒸也入乎箄既其熟也出乎箄釜涸注於甑中（甑不帶而泥之）又以穀木枝三亞者制之（亞字當作椏木椏枝也）散所蒸牙笋并葉畏流其膏

杵臼一曰碓惟恒用者佳
規一曰模一曰棬以鐵制之或圓或方或花
承一曰臺一曰砧以石爲之不然以槐桑木半埋地
中遣無所搖動
襜一曰衣以油絹或雨衫單服敗者爲之以襜置承
上又以規置襜上以造茶也茶成舉而易之
芘莉音杷離一曰籝子一曰篣筤篣音崩筤音郎篣筤籃籠也以二
小竹長三尺軀二尺五寸柄五寸以篾織方眼如圃
人土羅濶二尺以列茶也
棨一曰錐刀柄以堅木爲之用穿茶也

撲一曰鞭以竹爲之穿茶以解茶也

焙鑿地深二尺濶二尺五寸長一丈上作短牆高二尺泥之

貫削竹爲之長二尺五寸以貫茶焙之

棚一曰棧以木構於焙上編木兩層高一尺以焙茶也茶之半乾昇下棚全乾昇上棚

穿音釧江東淮南剖竹爲之巴川峽山紉穀皮爲之江東以一觔爲上穿半觔爲中穿四兩五兩爲下穿峽中以一百二十觔爲上穿八十觔爲中穿五十觔爲小穿穿字舊作釵釧之釧字或作貫串今則不然如磨

扇彈鑽縫五字文以平聲書之義以去聲呼之其字以穿名之

育以木制之以竹編之以紙糊之中有隔上有覆下有床旁有門掩一扇中置一器貯煻煨火令煴煴然江南梅雨時焚之以火育者以其藏養爲名

三之造

凡採茶在二月三月四月之間茶之笋者生爛石沃土長四五寸若薇蕨始抽凌露採焉茶之芽者發於藂薄之上有三枝四枝五枝者選其中枝穎拔者採焉其日有雨不採晴有雲不採晴採之蒸之擣之拍

之焙之穿之封之茶之乾矣茶有千萬狀鹵莽而言如胡人鞾者蹙縮然京錐文也犎牛臆者廉襜然犎音朋野牛也浮雲出山者輪囷然輕飇拂水者涵澹然有如陶家之子羅膏土以水澄泚之謂澄泥也又如新治地者遇暴雨流潦之所經此皆茶之精腴有如竹籜者枝榦堅實艱於蒸擣故其形籭簁上离下師然有如霜荷者莖葉凋沮易其狀貌故厥狀委萃然此皆茶之瘠老者也自採至於封七經目自胡鞾至於霜荷八等或以光黑平正言嘉者斯鑒之下也以皺黄坳垤言佳者鑒之次也若皆言嘉及皆言不嘉者鑒之上也何者出

膏者光含膏者皺宿製者則黑日成者則黃蒸壓則平正縱之則坳垤此茶與草木葉一也茶之否臧存於口訣

原本茶經卷上

原本茶經卷中

唐竟陵陸　羽鴻漸撰

四之器

風爐灰承

風爐以銅鐵鑄之如古鼎形厚三分緣闊九分令六分虛中致其杇墁凡三足古文書二十一字一足云坎上巽下離於中一足云體均五行去百疾一足云聖唐滅胡明年鑄其三足之間設三窓底一窓以爲通飈漏燼之所上並古文書六字一窗之上書伊公二字一窗之上書羹陸二字一窗之

上書氏茶二字所謂伊公羹陸氏茶也置墆埭於其內設三格其一格有翟焉翟者火禽也畫一卦曰離其一格有彪焉彪者風獸也畫一卦曰巽其一格有魚焉魚者水蟲也畫一卦曰坎巽主風離主火坎主水風能興火火能熟水故備其三卦焉其飾以連葩垂蔓曲水方文之類其爐或鍛鐵爲之或運泥爲之其灰承作三足鐵柈擡之

筥

筥以竹織之高一尺二寸徑濶七寸或用籐作木楦古箱字如筥形織之六出圓眼其底蓋若利篋口

鑠之

炭檛

炭檛以鐵六稜制之長一尺銳一豐中執細頭系一小鐶以飾檛也若今之河隴軍人木吾也或作鎚或作斧隨其便也

火筴

火筴一名筯若常用者圓直一尺三寸頂平截無葱臺勾鏁之屬以鐵或熟銅製之

鍑音輔或作釜或作鬴

鍑以生鐵爲之今人有業冶者所謂急鐵其鐵以

耕刀之趄鍊而鑄之內摸土而外摸沙土滑於內
易其摩滌沙澀於外吸其炎焰方其耳以正令也
廣其緣以務遠也長其臍以守中也臍長則沸中
沸中則末易揚末易揚則其味淳也洪州以瓷爲
之萊州以石爲之瓷與石皆雅器也性非堅實難
可持久用銀爲之至潔但涉於侈麗雅則雅矣潔
亦潔矣若用之恒而卒歸於銀也

交床

交床以十字交之剜中令虛以支鍑也

夾

夾以小青竹爲之長一尺二寸令一寸有節節已上剖之以炙茶也彼竹之篠津潤於火假其香潔以益茶味恐非林谷間莫之致或用精鐵熟銅之類取其久也

紙囊

紙囊以剡藤紙白厚者夾縫之以貯所炙茶使不泄其香也

碾拂末

碾以橘木爲之次以梨桑桐柘爲之內圓而外方內圓備於運行也外方制其傾危也內容墮而外

無餘木墮形如車輪不輻而軸焉長九寸闊一寸七分墮徑三寸分中厚一寸邊厚半寸軸中方而執圓其拂末以鳥羽製之

羅合

羅末以合蓋貯之以則置合中用巨竹剖而屈之以紗絹衣之其合以竹節爲之或屈杉以漆之高三寸蓋一寸底二寸口徑四寸

則

則以海貝蠣蛤之屬或以銅鐵竹匕策之類則者量也准也度也凡煑水一升用末方寸匕若好薄

者減嗜濃者增故云則也

水方

水方以椆音胄木名也木槐楸梓等合之其裏并外縫漆之受一斗

漉水囊

漉水囊若常用者其格以生銅鑄之以備水濕無有苔穢腥澀意以熟銅苔穢鐵腥澀也林栖谷隱者或用之竹木木與竹非持久涉遠之具故用之生銅其囊織青竹以捲之裁碧縑以縫之細翠鈿以綴之又作綠油囊以貯之圓徑五寸柄一寸五

分

瓢

瓢一曰犧杓剖瓠爲之或刊木爲之晉舍人杜毓荈賦云酌之以匏匏瓢也口闊脛薄柄短永嘉中餘姚人虞洪入瀑布山採茗遇一道士云吾丹邱子祈子他日甌犧之餘乞相遺也犧木杓也今常用以梨木爲之

竹夾

竹夾或以桃柳蒲葵木爲之或以柿心木爲之長一尺銀裹兩頭

鹾簋　揭

鹾簋以瓷爲之圓徑四寸若合形合即今盒字或瓶或罍貯鹽花也其揭竹制長四寸一分闊九分揭策也

熟盂

熟盂以貯熟水或瓷或沙受二升

盌

盌越州上鼎州次婺州次岳州次壽州洪州次或者以邢州處越州上殊爲不然若邢瓷類銀越瓷類玉邢不如越一也若邢瓷類雪則越瓷類冰邢

不如越二也邢瓷白而茶色丹越瓷青而茶色綠邢不如越三也晉杜毓荈賦所謂器擇陶揀出自東甌甌越也甌越州上口唇不卷底卷而淺受半觔已下越州瓷岳瓷皆青青則益茶茶作白紅之色邢州瓷白茶色紅壽州瓷黃茶色紫洪州瓷褐茶色黑悉不宜茶

畚

畚以白蒲捲而編之可貯盌十枚或用筥其紙帊以剡紙夾縫令方亦十之也

札

札緝栟櫚皮以茱萸木夾而縛之或截竹束而管之若巨筆形

滌方

滌方以貯滌洗之餘用楸木合之制如水方受八升

滓方

滓方以集諸滓制如滌方處五升

巾

巾以絁布爲之長二尺作二枚互用之以潔諸器

具列

具列或作床或作架或純木純竹而製之或木或竹黄黑可扃而漆者長三尺濶二尺高六寸具列者悉斂諸器物悉以陳列也

都籃

都籃以悉設諸器而名之以竹篾内作三角方眼外以雙篾濶者經之以單篾纖者縛之遞壓雙經作方眼使玲瓏高一尺五寸底濶一尺高二寸長二尺四寸濶二尺

原本茶經卷中

原本茶經卷下

唐竟陵陸　羽鴻漸撰

五之煮

凡炙茶慎勿於風燼間炙熛焰如鑽使炎凉不均持以逼火屢其翻正候炮普教反出培塿狀蝦蟇背然後去火五寸卷而舒則本其始又炙之若火乾者以氣熟止日乾者以柔止其始若茶之至嫩者蒸罷熱搗葉爛而牙笋存焉假以力者持千鈞杵亦不之爛如漆科珠壯士接之不能駐其指及就則似無穰骨也炙之則其節若倪倪如嬰兒之臂耳既而承熱用紙

囊貯之精華之氣無所散越候寒末之（末之上者其屑如細米末之下者其屑如菱角）其火用炭次用勁薪（謂桑槐桐櫪之類也）其炭曾經燔炙爲膻膩所及及膏木敗器不用之（膏木爲柏桂檜也敗器謂朽廢器也）古人有勞薪之味信哉其水用山水上江水中井水下（荈賦所謂水則岷方之注挹彼清流）其山水揀乳泉石池慢流者上其瀑湧湍漱勿食之久食令人有頸疾又多別流於山谷者澄浸不洩自火天至霜郊以前或潛龍蓄毒於其間飲者可決之以流其惡使新泉涓涓然酌之其江水取去人遠者井取汲多者其沸如魚目微有聲爲一沸緣邊如湧泉連珠爲二沸騰波鼓浪

爲三沸已上水老不可食也初沸則水合量調之以鹽味謂棄其啜餘啜嘗也市稅反又市悅反無乃䤵鑑而鍾其一味乎上古暫反下味濫反無味也第二沸出水一瓢以竹筴環激湯心則量末當中心而下有頃勢若奔濤濺沫以所出水止之而育其華也凡酌置諸盌令沫餑均字書并本草餑均茗沫也蒲笏反沫餑湯之華也華之薄者曰沫厚者曰餑細輕者曰花如棗花漂漂然於環池之上又如迴潭曲渚青萍之始生又如晴天爽朗有浮雲鱗然其沫者若綠錢浮於水渭又如菊英墮於鐏俎之中餑者以滓煑之及沸則重華累沫皤皤然若積雪耳荈

賦所謂煥如積雪燁若春藪有之第一煑水沸而棄其沫之上有水膜如黑雲母飲之則其味不正其第一者爲雋永【徐縣全縣二反至美者曰雋永雋味也永長也史長曰雋永漢書蒯通著雋永二十篇也】或留熟以貯之以備育華救沸之用諸第一與第二第三盌次之第四第五盌外非渴甚莫之飲凡煑水一升酌分五盌【盌數少至三多至五若人多至十加兩爐】乘熱連飲之以重濁凝其下精英浮其上如冷則精英隨氣而竭飲啜不消亦然矣茶性儉不宜廣則其味黯澹且如一滿盌啜半而味寡況其廣乎其色緗也其馨欵也【香至美曰欵欵音備】其味甘檟也不甘而苦荈也啜苦咽甘

茶也一本云其味苦而不甘檟也甘而不苦荈也

六之飲

翼而飛毛而走呿而言此三者俱生於天地間飲啄以活飲之時義遠矣哉至若救渴飲之以漿蠲憂忿飲之以酒蕩昏寐飲之以茶茶之爲飲發乎神農氏聞於魯周公齊有晏嬰漢有揚雄司馬相如吳有韋曜晉有劉琨張載遠祖納謝安左思之徒皆飲焉滂時浸俗盛於國朝兩都并荊俞俞當作渝巴渝也間以爲比屋之飲飲有觕茶散茶末茶餅茶者乃斫乃熬乃煬乃舂貯於瓶缶之中以湯沃焉謂之痷茶或用葱薑

橐橘皮茱萸薄荷之等煮之百沸或揚令滑或煮去沫斯溝渠間棄水耳而習俗不已於戲天育萬物皆有至妙人之所工但獵淺易所庇者屋屋精極所著者衣衣精極所飽者飲食食與酒皆精極之茶有九難一曰造二曰別三曰器四曰火五曰水六曰炙七曰末八曰煑九曰飲陰採夜焙非造也嚼味嗅香非別也羶鼎腥甌非器也膏薪庖炭非火也飛湍壅潦非水也外熟內生非炙也碧粉縹塵非末也操艱攪遽非煑也夏興冬廢非飲也夫珍鮮馥烈者其盌數三次之者盌數五若坐客數至五行三盌至七行五

盌若六人已下不約盌數但闕一人而已其雋永補所闕人

七之事

三皇炎帝神農氏

周魯周公旦

齊相晏嬰

漢仙人丹邱子黄山君司馬文園令相如楊執戟雄

吳歸命侯韋太傅弘嗣

晉惠帝劉司空琨琨兄子兗州刺史演張黄門孟陽傅司隸咸江洗馬統孫參軍楚左記室太冲陸吳興

納納兄子會稽內史俶謝冠軍安石郭弘農璞桓揚州溫杜舍人毓武康小山寺釋法瑤沛國夏侯愷餘姚虞洪北地傅巽丹陽弘君舉安任育長（育長任瞻字元本遺長字今增之）宣城秦精燉煌單道開剡縣陳務妻廣陵老姥河內山謙之

後魏瑯琊王肅

宋新安王子鸞鸞弟豫章王子尚鮑昭妹令暉八公山沙門譚濟

齊世祖武帝

梁劉廷尉陶先生弘景

皇朝徐英公勣

神農食經荼茗久服人有力悅志

周公爾雅檟苦荼廣雅云荊巴間採葉作餅葉老者餅成以米膏出之欲煮茗飲先炙令赤色搗末置瓷器中以湯澆覆之用葱薑橘子芼之其飲醒酒令人不眠

晏子春秋嬰相齊景公時食脫粟之飯炙三弋五卵茗菜而已

司馬相如凡將篇烏喙桔梗芫華款冬貝母木蘗蔞芩草芍藥桂漏蘆蜚廉雚菌荈詫白斂白芷菖蒲芒

硝莞椒茱萸

揚雄方言蜀西南人謂茶曰蔎

吳志韋曜傳孫皓每饗宴坐席無不率以七勝爲限雖不盡入口皆澆灌取盡曜飲酒不過二升皓初禮異密賜茶荈以代酒

晉中興書陸納爲吳興太守時衛將軍謝安常欲詣納晉書以納爲吏部尚書納兄子俶怪納無所備不敢問之乃私蓄數十人饌安既至所設唯茶果而已俶遂陳盛饌珍羞必具及安去納杖俶四十云汝既不能光益叔父奈何穢吾素業

晉書桓溫爲揚州牧性儉每讌飲惟下七奠拌茶果而已

搜神記夏侯愷因疾死宗人字苟奴察見鬼神見愷來收馬并病其妻著平上幘單衣入坐生時西壁大床就人覔茶飲

劉琨與兄子南兗州刺史演書云前得安州乾薑一觔桂一觔黄芩一觔皆所須也吾體中潰悶常仰眞茶汝可置之潰當作憒

傅咸司隸教曰聞南方有以困蜀嫗作茶粥賣爲廉事打破其器具後又賣餅於市而禁茶粥以蜀姥何

哉

神異記餘姚人虞洪入山採茗遇一道士牽三青牛引洪至瀑布山曰予丹丘子也聞子善具飲常思見惠山中有大茗可以相給祈子他日有甌犧之餘乞相遺也因立奠祀後常令家人入山獲大茗焉

左思嬌女詩吾家有嬌女皎皎頗白晳小字爲紈素口齒自清歷有姊字惠芳眉目燦如畫馳鶩翔園林果下皆生摘貪華風雨中倏忽數百適心爲茶荈劇吹噓對鼎䥶

張孟陽登成都樓詩云借問楊子舍想見長卿廬程

卓累千金驕侈擬五侯門有連騎客翠帶腰吳鈎鼎
食隨時進百和妙且殊披林採秋橘臨江釣春魚黑
子過龍醢果饌踰蟹蝑芳茶冠六情溢味播九區人
生苟安樂茲土聊可娛
傅巽七誨蒲桃宛柰齊柿燕栗峘陽黃梨巫山朱橘
南中茶子西極石蜜
弘君舉食檄寒溫既畢應下霜華之茗三爵而終應
下諸蔗木瓜元李楊梅五味橄欖懸豹葵羹各一杯
孫楚歌茱萸出芳樹顛鯉魚出洛水泉白鹽出河東
美豉出魯淵薑桂茶荈出巴蜀椒橘木蘭出高山蓼

蘇出溝渠精稗出中田

華佗食論苦茶久食益意思

壺居士食忌苦茶久食羽化與韭同食令人體重

郭璞爾雅注云樹小似梔子冬生葉可煮羹飲今呼早取爲茶晚取爲茗或一曰荈蜀人名之苦茶

世說任瞻字育長少時有令名自過江失志既下飲問人云此爲茶爲茗覺人有怪色乃自申明云向問飲爲熱爲冷耳（下飲謂設茶也）

續搜神記晉武帝宣城人秦精常入武昌山採茗遇一毛人長丈餘引精至山下示以藂茗而去俄而復

還乃探懷中橘以遺精精怖負茗而歸

晉四王起事惠帝蒙塵還洛陽黃門以瓦盂盛茶上至尊

異苑剡縣陳務妻少與二子寡居好飲茶茗以宅中有古塚每飲輒先祀之二子患之曰古塚何知徒以勞意欲掘去之母苦禁而止其夜夢一人云吾止此塚三百餘年卿二子恒欲見毀賴相保護又享吾佳茗雖潛壤朽骨豈忘翳桑之報及曉於庭中獲錢十萬佀久埋者但貫新耳母告二子慙之從是禱饋愈甚

廣陵耆老傳晉元帝時有老姥每旦獨提一器茗往市鬻之市人競買自旦至夕其器不減所得錢散路傍孤貧乞人人或異之州法曹縶之獄中至夜老姥執所鬻茗器從獄牖中飛出

藝術傳燉煌人單道開不畏寒暑常服小石子所服藥有松桂蜜之氣所餘茶蘇而已

釋道該說續名僧傳宋釋法瑤姓楊氏河東人永嘉中過江遇沈臺眞請眞君武康小山寺年垂懸車（懸車喻日入之候指人垂老時也淮南子曰日至悲泉爰息其馬亦此意）飯所飲茶永明中勑吳興禮致上京年七十九

宋江氏家傳江統守愍懷太子洗馬常上疏諫云今西園賣醯麪藍子菜茶之屬虧敗國體

宋錄新安王子鸞豫章王子尚詣曇濟道人於八公山道人設茶茗子尚味之曰此甘露也何言茶茗

王微雜詩寂寂掩高閣寥寥空廣厦待君竟不歸收領今就檟

鮑昭妹令暉著香茗賦

南齊世祖武皇帝遺詔我靈座上愼勿以牲爲祭但設餅果茶飲乾飯酒脯而已

梁劉孝綽謝晉安王餉米等啓傳詔李孟孫宣教旨

垂賜米酒瓜荀菹脯酢茗八種氣苾新城味芳雲松江潭抽節邁昌荇之珍壃場擢翹越葺精之美羞非純束野麏裛似雪之驢鲊異陶瓶河鯉操如瓊之粲茗同食粲酢類望柑免千里宿舂省三月種聚小人懷惠大懿難忘

陶弘景雜錄苦茶輕換膏昔丹邱子黃山君服之

後魏錄瑯琊王肅仕南朝好茗飲蓴羹及還北地又好羊肉酪漿人或問之茗何如酪肅曰茗不堪與酪爲奴

桐君錄西陽武昌廬江昔陵好茗皆東人作清茗茗

有餑飲之宜人凡可飲之物皆多取其葉天門冬拔揳取根皆益人又巴東別有眞茗茶煎飲令人不眠俗中多煮檀葉并大皁李作茶並冷又南方有瓜蘆木亦似茗至苦澀取爲屑茶飲亦可通夜不眠煮鹽人但資此飲而交廣最重客來先設乃加以香芼輩

坤元錄辰州溆浦縣西北三百五十里無射山云蠻俗當吉慶之時親族集會歌舞於山上山多茶樹

括地圖臨遂縣東一百四十里有茶溪

山謙之吳興記烏程縣西二十里有溫山出御荈

夷陵圖經黃牛荆門女觀望州等山茶茗出焉

永嘉圖經永嘉縣東三百里有白茶山

淮陰圖經山陽縣南二十里有茶坡

茶陵圖經云茶陵者所謂陵谷生茶茗焉本草木部

茗苦茶味甘苦微寒無毒主瘻瘡利小便去痰渴熱

令人少睡秋採之苦主下氣消食注云春採之

本草菜部苦茶一名茶一名選一名游冬生益州川

谷山陵道傍凌冬不死三月三日採乾注云疑此即

是今茶一名茶令人不眠本草注按詩云誰謂茶苦

又云堇茶如飴皆苦菜也陶謂之苦茶木類非菜流

茗春採謂之苦搽途遐反

枕中方療積年瘻苦茶蜈蚣並炙令香熟等分擣篩煮甘草湯洗以末傅之

孺子方療小兒無故驚蹶以苦茶葱鬚煮服之

八之出

山南以峽州上（峽州生遠安宜都夷陵三縣山谷）襄州荊州次（襄州生南部縣山谷荊州生江陵縣山谷）衡州下（衡州生衡山茶陵二縣山谷）金州梁州又下（金州生西城安康二縣山谷梁州生襄城金牛二縣山谷）

淮南以光州上（生光山縣黃頭港者與峽州同）義陽郡舒州次（生義陽縣鍾山者與襄州同舒州生太湖縣潛山者與荊州同）壽州下（生盛唐縣霍山者與衡山同）蘄州黃州又下（蘄州生黃梅縣山谷黃州生麻城縣山谷並與荊州梁州同）

浙西以湖州上湖州生長城縣顧渚山谷與峽州光州同若生山桑儒師二白茅山懸脚嶺與襄州荊南義陽郡同生鳳亭山伏翼閣飛雲曲水二寺啄木嶺與壽州常州同生安吉武康二縣山谷與金州梁州同常州次常州義興縣生君山懸脚嶺北峰下與荊州義陽郡同生圈嶺善權寺石亭山與舒州同宣州杭州睦州歙州下宣州生宣城縣雅山與蘄州同生太平縣上睦臨睦與黃州同杭州臨安於潛二縣生天目山與舒州同錢唐生天竺靈隱二寺睦州生桐廬縣山谷歙州生婺源山谷與衡州同潤州蘇州又下潤州江寧縣生傲山蘇州長洲縣生洞庭山與金州蘄州梁州同

劍南以彭州上生九隴縣馬鞍山至德寺棚口與襄州同綿州蜀州次綿州龍安縣生松嶺關與荊州同其西昌昌明神泉縣西山者並佳有過松嶺者不堪採蜀州青城縣生丈人山與綿州同青城縣有散茶木茶邛州次雅州瀘州下雅州百丈山名山瀘州瀘

州者與金州同也眉州漢州又下眉州丹校縣生鐵山者漢州綿竹縣生竹山者與潤州同

浙東以越州上餘姚縣生瀑布泉嶺曰仙茗大者殊異小者與襄州同明州婺州次明州貿縣生榆筴村婺州東陽縣東目山與荆州同台州下台州豐縣生赤城者與歙州同

黔中生恩州播州費州夷州

江南生鄂州袁州吉州

嶺南生福州建州韶州象州福州生閩方山山陰縣其恩播費夷鄂袁吉福建韶象十一州未詳往往得之其味極佳

九之略

其造具若方春禁火之時於野寺山園叢手而掇乃蒸乃舂乃煬以火乾之則又棨撲焙貫棚穿育等七事皆廢其煮器若松間石上可坐則具列廢用槁薪鼎鑩之屬則風爐灰承炭檛火筴交床等廢若瞰泉臨澗則水方滌方漉水囊廢若五人以下茶可味而精者則羅廢若援藟躋嵓引絙入洞於山口炙而末之或紙包合貯則碾拂末等廢既瓢盌筴札熟盂鹺簋悉以一筥盛之則都籃廢但城邑之中王公之門二十四器闕一則茶廢矣

十之圖

以絹素或四幅或六幅分布寫之陳諸座隅則茶之源之具之造之器之煑之飲之事之出之略目擊而存於是茶經之始終備焉

原本茶經卷下終

續茶經卷上

嘉定陸廷燦　幔亭　輯

一之源

許慎說文茗茶芽也

王褒僮約前云炰鼈烹茶後云陽武買茶注前爲苦荼後爲茗

張華博物志飲眞茶令人少眠

詩疏椒樹似茱萸蜀人作茶吳人作茗皆合煮其葉以爲香

唐書陸羽傳羽嗜茶著經三篇言茶之源之具之造之器之煮之飲之事之出之略之圖尤備天下益知

飲茶矣

唐六典金英綠片皆茶名也

李太白集贈族姪僧中孚玉泉仙人掌茶序余聞荆州玉泉寺近青溪諸山山洞往往有乳窟窟多玉泉交流中有白蝙蝠大如鴉按仙經蝙蝠一名仙鼠千歲之後體白如雪棲則倒懸蓋飲乳水而長生也其水邊處處有茗草羅生枝葉如碧玉惟玉泉眞公常採而飲之年八十餘歲顔色如桃花而此茗清香滑熟異於他茗所以能還童振枯扶人壽也余遊金陵見宗僧中孚示余茶數十片拳然重疊其狀如掌號

爲仙人掌茶蓋新出乎玉泉之山曠古未覯因持之見貽兼贈詩要余答之遂有此作俾後之高僧大隱知仙人掌茶發於中孚禪子及青蓮居士李白也

皮日休集茶中雜咏詩序自周以降及於國朝茶事竟陵子陸季疵言之詳矣然季疵以前稱名飲者必渾以烹之與夫瀹蔬而啜者無異也季疵之始爲經三卷由是分其源制其具教其造設其器命其煮俾飲之者除痟而去癘雖疾醫之不若也其爲利也於人豈小哉余始得季疵書以爲備矣後又獲其顧渚山記二篇其中多茶事後又太原溫從雲武威段碣

之各補茶事十數節並存於方冊茶之事由周而至於今竟無纖遺矣

封氏聞見記茶南人好飲之北人初不多飲開元中太山靈巖寺有降魔師大興禪教學禪務於不寐又不夕食皆許飲茶人自懷挾到處煮飲從此轉相倣倣遂成風俗起自鄒齊滄棣漸至京邑城市多開店鋪煎茶賣之不問道俗投錢取飲其茶自江淮而來色額甚多

唐韻荼字自中唐始變作茶

裴汶茶述茶起於東晉盛於今朝其性精清其味浩

潔其用滌煩其功致和參百品而不混越衆飲而獨高烹之冄水和以虎形人人服之永永不厭得之則安不得則病彼芝朮黃精徒云上藥致效在數十年後且多禁忌非此倫也或曰多飲令人體虛病風余曰不然夫物能祛邪必能輔正安有蠲逐聚病而靡裨太和哉今宇內爲土貢實衆而顧渚蘄陽蒙山爲上其次則壽陽義興碧澗灉湖衡山最下有鄱陽浮梁今者其精無以尚焉得其麄者則下里兆庶甌盌紛糅頃刻未得則謂甫病生矣人嗜之若此者西晉以前無聞焉至精之味或遺也因作茶述

宋徽宗大觀茶論茶之爲物擅甌閩之秀氣鍾山川之靈稟祛襟滌滯致清導和則非庸人孺子可得而知矣冲澹閑潔韻高致靜則非遑遽之時可得而好尚矣本朝之興歲修建溪之貢龍團鳳餅名冠天下而壑源之品亦自此而盛延及於今百廢具舉海內晏然垂拱密勿幸致無爲縉紳之士韋布之流沐浴膏澤薰陶德化咸以雅尚相推從事茗飲故近歲以來采擇之精製作之工品第之勝烹點之妙莫不盛造其極嗚呼至治之世豈惟人得以盡其材而草木之靈者亦得以盡其用矣偶因暇日研究精微所得

之妙後人有不知爲利害者敘本末二十篇號曰茶論一曰地産二曰天時三曰採擇四曰蒸壓五曰製造六曰鑒別七曰白茶八曰羅碾九曰盞十曰筅十一曰瓶十二曰杓十三曰水十四曰點十五曰味十六曰香十七曰色十八曰藏焙十九曰品名二十曰外焙

名茶各以所産之地葉如耕之平園台星巖葉剛之高峰青鳳髓葉思純之大嵐葉嶼之屑山葉五崇林之羅漢上水桑芽葉堅之碎石窠石臼窠（一作六窠）葉瓊葉輝之秀皮林葉師復師貺之虎巖葉椿之無又巖

芽蘖櫢之老窠園各擅其美未嘗混淆不可概舉焙人之茶固有前優後劣昔負今勝者是以園地之不常也

丁謂進新茶表右件物產異金沙名非紫筍江邊地煖方呈彼茁之形闕下春寒已發其茸之味有以少爲貴者焉敢韞而藏諸見謂新茶實遵舊例

蔡襄進茶錄表臣前因奏事伏蒙陛下諭臣先任福建運使日所進上品龍茶最爲精好臣退念草木之微首辱陛下知鑒若處之得地則能盡其材昔陸羽茶經不第建安之品丁謂茶圖獨論採造之本至烹

煎之法曾未有聞臣輒條數事簡而易明勒成二篇名曰茶錄伏惟清閒之宴或賜觀采臣不勝榮幸

歐陽修歸田錄茶之品莫貴於龍鳳謂之團茶凡八餅重一觔慶曆中蔡君謨始造小片龍茶以進其品精絕謂之小團凡二十餅重一觔其價值金二兩然金可有而茶不可得每因南郊致齋中書樞密院各賜一餅四人分之宮人往往縷金花於其上蓋其貴重如此

趙汝礪北苑別錄草木至夜益盛故欲導生長之氣以滲雨露之澤茶於每歲六月興工虛其本培其末

滋蔓之草遏鬱之木悉用除之政所以導生長之氣而滲雨露之澤也此之謂開畬唯桐木則留焉桐木之性與茶相宜而又茶至冬則畏寒桐木望秋而先落茶至夏而畏日桐木至春而漸茂理亦然也

王闢之澠水燕談建茶盛於江南近歲制作尤精龍團最爲上品一觔八餅慶曆中蔡君謨爲福建運使始造小團以充歲貢一觔二十餅所謂上品龍茶者也仁宗尤所珍惜雖宰相未嘗輒賜惟郊禮致齋之夕兩府各四人共賜一餅宮人翦金爲龍鳳花貼其上八人分蓄之以爲奇玩不敢自試有佳客出爲傳

玩歐陽文忠公云茶爲物之至精而小團又其精者也嘉祐中小團初出時也今小團易得何至如此多貴

周輝清波雜志自熙寧後始貢密雲龍每歲頭綱修貢奉宗廟及供玉食外賚及臣下無幾戚里貴近丐賜尤繁宣仁太后令建州不許造密雲龍受他人煎炒不得也此語既傳播於縉紳間由是密雲龍之名益著淳熙間親黨許仲啓官蘇沙得北苑修貢錄序以刊行其間載歲貢十有二綱凡三等四十有一名第一綱曰龍焙貢新止五十餘胯貴重如此獨無所

謂密雲龍者豈以貢新易其名耶抑或別爲一種又居密雲龍之上耶

沈存中夢溪筆談古人論茶唯言陽羡顧渚天柱蒙頂之類都未言建溪然唐人重串茶粘黑者則已近乎建餅矣建茶皆喬木吳蜀唯叢茇而已品自居下建茶勝處曰郝源曾坑其間又有坌根山頂二品尤勝李氏號爲北苑置使領之

胡仔苕溪漁隱叢話建安北苑始於太宗太平興國三年遣使造之取象於龍鳳以別入貢至道間仍添造石乳蠟面其後大小龍又起於丁謂而成於蔡君

誤至宣政間鄭可簡以貢茶進用久領漕添續入其數浸廣今猶因之細色茶五綱凡四十三品形製各異共七千餘餅其間貢新試新龍團勝雪白茶御苑玉芽此五品乃水揀爲第一餘乃生揀次之又有麄色茶七綱凡五品大小龍鳳并揀芽悉入龍腦和膏爲團餅茶共四萬餘餅蓋水揀茶即社前者生揀茶即火前者麄色茶即兩前者閩中地暖兩前茶巳老而味加重矣又有石門乳吉香口三外焙亦隸於北苑皆採摘茶芽送官焙添造每歲糜金共二萬餘緡日役千夫凡兩月方能迄事第所造之茶不許過數

入貢之後市無貨者人所罕得惟壑源諸處私焙茶其絶品亦可敵官焙自昔至今亦皆入貢其流販四方者悉私焙茶耳

北苑在富沙之北隸建安縣去城二十五里乃龍焙造貢茶之處亦名鳳皇山自有一溪南流至富沙城下方與西來水合而東

車清臣腳氣集毛詩云誰謂荼苦其甘如薺注荼苦菜也周禮掌荼以供喪事取其苦也蘇東坡詩云周詩記苦荼茗飲出近世乃以今之茶爲荼夫茶今人以清頭目自唐以來上下好之細民亦日數椀豈是

茶也茶之麤者是爲茗

宋子安東溪試茶錄序茶宜高山之陰而喜日陽之早自北苑鳳山南直苦竹園頭東南屬張坑頭皆高遠先陽處歲發常早芽極肥乳非民間所比次出壑源嶺高土沃地茶味甲於諸焙丁謂亦云鳳山高不百丈無危峰絶崦而岡翠環抱氣勢柔秀宜乎嘉植靈卉之所發也又以建安茶品甲天下疑山川至靈之卉天地始和之氣盡此茶矣又論石乳出壑嶺斷崖鈌石之間蓋草木之仙骨也近蔡公亦云惟北苑鳳凰山連屬諸焙所産者味佳故四方以建茶爲目

皆曰北苑云

黄儒品茶要錄序說者嘗謂陸羽茶經不第建安之品蓋前此茶事未甚興靈芽眞笋往往委翳消腐而人不知惜自國初以來士大夫沐浴膏澤詠歌昇平之日久矣夫身世灑落神觀冲澹惟兹茗飲爲可喜園林亦相與摘英誇異制棬鬻新以趨時之好故殊異之品始得自出于榛莽之間而其名遂冠天下借使陸羽復起閱其金餅味其雲腴當爽然自失矣因念草木之材一有負瓌偉絕特者未嘗不遇時而後興況於人乎

蘇軾書黄道輔品茶要録後黄君道輔諱儒建安人博學能文淡然精深有道之士也作品茶要録十篇委曲微妙皆陸鴻漸以來論茶者所未及非至静無求虚中不留烏能察物之情如此其詳哉

茶録茶古不聞食自晉宋已降吳人採葉煮之名爲茗粥

葉清臣煮茶泉品吳楚山谷間氣清地靈草木穎挺多孕茶荈大率右於武夷者爲白乳甲於吳興者爲紫筍産禹穴者以天章顯茂錢塘者以徑山稀至於續廬之巖雲衢之麓雅山著於宣歙蒙頂傳於岷蜀

角立差勝毛舉實繁

周絳補茶經芽茶只作早茶馳奉萬乘嘗之可矣如一旗一槍可謂奇茶也

胡致堂曰茶者生人之所日用也其急甚於酒

陳師道後山叢談茶洪之雙井越之日注莫能相先後而强爲之第者皆勝心耳

陳師道茶經序夫茶之著書自羽始其用於世亦自羽始羽誠有功於茶者也上自宮省下逮邑里外及戎夷蠻狄賓祀燕享預陳於前山澤以成市商賈以起家又有功於人者也可謂智矣經曰茶之否臧存

之口訣則書之所載猶其粗也夫茶之爲藝下矣至其精微書有不盡況天下之至理而欲求之文字紙墨之間其有得乎昔者先王因人而教同欲而治凡有益於人者皆不廢也

吳淑茶賦注五花茶者其片作五出花也

姚氏殘語紹興進茶自高文虎始

王楙野客叢書世謂古之茶卽今之茶不知茶有數種非一端也詩曰誰謂茶苦其甘如薺者乃苦菜之茶如今苦苣之類周禮掌茶毛詩有女如茶者乃苕茶之茶也正萑葦之屬惟茶檟之茶乃今之茶也世

莫知辨

魏王花木志茶葉似梔可煮爲飲其老葉謂之荈嫩葉謂之茗

瑞草總論唐宋以來有貢茶有榷茶夫貢茶猶知斯人有愛君之心若夫榷茶則利歸於官擾及於民其爲害又不一端矣

元熊禾勿齋集北苑茶焙記貢古也茶貢不列禹貢周職方而昉於唐北苑又其最著者也苑在建城東二十五里唐末里民張暉始表而上之宋初丁謂漕閩貢額驟益觔至數萬慶曆承平日久蔡公襄繼之

制益精巧建茶遂爲天下最公名在四諫官列君子惜之歐陽公修雖實不與然猶誇侈歌咏之蘇公軾則直指其過矣君子創法可繼焉得不重慎也

說郛臆乘　茶之所産六經載之詳矣獨異美之名未備唐宋以來見於詩文者尤夥頗多疑似若蟾背蝦鬚雀舌蟹眼瑟瑟瀝霏霏靄鼓浪湧泉琉璃眼碧玉池又皆茶事中天然偶字也

茶譜　衡州之衡山封州之西鄉茶研膏爲之皆片團如月又彭州蒲村堋口其園有仙芽石花等號

高啓月團茶歌序　唐人製茶碾末以酥滫爲團宋世

尤精元時其法遂絶予效而爲之蓋得其似始悟古人詠茶詩所謂膏油首面所謂佳茗似佳人所謂綠雲輕綰湘娥鬟之句飲啜之餘因作詩記之并傳好事

屠本畯茗笈評人論茶葉之香未知茶花之香余往歲過友大雷山中正值花開童子摘以爲供幽香清越絶自可人惜非甌中物耳乃予著餅史月表以插茗花爲齋中清玩而高濂盆史亦載茗花足助玄賞云

茗笈贊十六章一曰遡源二曰得地三曰乘時四曰

揆制五曰藏茗六曰品泉七曰候火八曰定湯九曰點瀹十曰辨器十一曰申忌十二曰防濫十三曰戒淆十四曰相宜十五曰衡鑒十六曰玄賞

謝肇淛五雜組今茶品之上者松蘿也虎邱也羅岕也龍井也陽羡也天池也而吾閩武夷清源鼓山三種可與角勝六安鴈宕蒙山三種祛滯有功而色香不稱當是藥籠中物非文房佳品也

西吳枝乘湖人於茗不數顧渚而數羅岕然顧渚之佳者其風味已遠出龍井下岕稍清雋然葉粗而作草氣丁長孺嘗以半角見餉且教余烹煎之法迨試

之殊類羊公鶴此余有解有未解也余嘗品茗以武夷虎邱第一淡而遠也松蘿龍井次之香而艷也天池又次之常而不厭也餘子瑣瑣勿置齒喙謝肇淛

屠長卿考槃餘事虎邱茶最號精絕爲天下冠惜不多產皆爲豪右所據寂寞山家無由獲購矣天池青翠芳馨噉之賞心嗅亦消渴可稱仙品諸山之茶當爲退舍陽羨俗名羅岕浙之長興者佳荆溪稍下細者其價兩倍天池惜乎難得須親自收采方妙六安品亦精入藥最效但不善炒不能發香而味苦茶之本性實佳龍井之山不過十數畝外此有茶似皆不

及大抵天開龍泓美泉山靈特生佳茗以副之耳山中僅有一二家炒法甚精近有山僧焙者亦妙眞者天池不能及也天目爲天池龍井之次亦佳品也地志云山中寒氣早嚴山僧至九月即不敢出冬來多雪三月後方通行其萌芽較他茶獨晚

包衡清賞錄　昔人以陸羽飲茶比於后稷樹穀及觀韓翃謝賜茶啓云吳主禮賢方聞置茗晉人愛客纔有分茶則知開創之功非關桑苧老翁也若云在昔茶勳未普則比時賜茶已一千五百串矣

陳仁錫潛確類書　紫琳腴雲腴皆茶名也

茗花白色冬開似梅亦清香按冒巢民岕茶彙鈔云茶花味濁無香香凝葉內二說不同豈岕與他茶獨異歟

農政全書六經中無茶荼即茶也毛詩云誰謂荼苦其甘如薺以其苦而甘味也

夫茶靈草也種之則利博飲之則神清上而王公貴人之所尚下而小夫賤隸之所不可闕誠民生食用之所資國家課利之一助也

羅廩茶解茶固不宜雜以惡木惟古梅叢桂辛夷玉蘭玫瑰蒼松翠竹與之間植足以蔽覆霜雪掩映秋陽其下可植芳蘭幽菊清芬之品最忌菜畦相逼不

免滲漉滓厥清真

茶地南向爲佳向陰者遂劣故一山之中美惡相懸

李日華六研齋筆記茶事於唐末未甚興不過幽人雅士手擷於荒園雜穢中拔其精英以薦靈爽所以饒雲露自然之味至宋設茗綱充天家玉食士大夫益復貴之民間服習寖廣以爲不可缺之物於是營殖者擁溉孳糞等於蔬蔌而茶亦隤其品味矣人知鴻漸到處品泉不知亦到處搜茶皇甫冉送羽攝山採茶詩數言僅存公案而已

徐巖泉六安州茶居士傳居士姓茶族氏衆多枝葉

繁衍遍天下其在六安一枝最著爲大宗陽羨羅岕武夷匡廬之類皆小宗蒙山又其別枝也

樂思白雪庵清史夫輕身換骨消渴滌煩茶荈之功至妙至神昔在有唐吾閩茗事未興草木仙骨尚閟其靈五代之季南唐採茶北苑而茗事興迨宋至道初有詔奉造而茶品日廣及咸平慶曆中丁謂蔡襄造茶進奉而製作益精至徽宗大觀宣和間而茶品極矣斷崖缺石之上木秀雲腴往往於此露靈倘微丁蔡來自吾閩則種種佳品不幾於委翳消腐哉雖然患無佳品耳其品果佳卽微丁蔡來自吾閩而靈

芽眞笋豈終於委翳消腐乎吾閩之能輕身換骨消渴滌煩者寧獨一茶乎茲將發其靈矣

馮時可茶譜茶全貴採造蘇州茶飲徧天下專以採造勝耳徽郡向無茶近出松蘿最爲時尚是茶始比邱大方大方居虎邱最久得採造法其後於徽之松蘿結庵採諸山茶於庵焙製遠邇爭市價忽翔湧人因稱松蘿實非松蘿所出也

胡文煥茶集茶至清至美物也世皆不味之而食烟火者又不足以語此醫家論茶性寒能傷人脾獨予有諸疾則必藉茶爲藥石每深得其功効噫非緣之

有自而何契之若是耶

羣芳譜蘄州蘄門團黄有一旗一槍之號言一葉一芽也歐陽公詩有共約試新茶旗槍幾時緑之句王荆公送元厚之詩云新茗齋中試一旗世謂茶始生而嫩者爲一鎗寖大而開者爲一旗

魯彭刻茶經序夫茶之爲經要矣兹復刻者便覽爾刻之竟陵者表羽之爲竟陵人也按羽生甚異類令尹子文人謂子文賢而仕羽雖賢卒以不仕今觀茶經三篇固具體用之學者其曰伊公羮陸氏茶取而比之實以自况所謂易地皆然者非歟厥後茗飲之

風行於中外而回紇亦以馬易茶由宋迄今大爲邊助則羽之功固在萬世仕不仕奚足論也

沈石田書岕茶別論後昔人咏梅花云香中別有韻清極不知寒此惟岕茶足當之若閩之清源武夷吳郡之天池虎邱武林之龍井新安之松蘿匡廬之雲霧其名雖大噪不能與岕相抗也顧渚每歲貢茶三十二觔則岕於國初已受知遇施于今漸遠漸傳漸覺聲價轉重既得聖人之清又得聖人之時茗蒸采烹洗悉與古法不同

李維楨茶經序羽所著君臣契三卷源解三十卷江

表四姓譜十卷占夢三卷不盡傳而獨傳茶經豈他書人所時有此爲觭長易於取名耶太史公曰富貴而名磨滅不可勝數惟俶儻非常之人稱焉鴻漸窮阨終身而遺書遺跡百世下寶愛之以爲山川邑里重其風足以廉頑立懦胡可少哉

楊慎丹鉛總錄 茶即古荼字也周詩記荼苦春秋書齊荼漢志書荼陵顏師古陸德明雖已轉入茶音而未易字文也至陸羽茶經玉川茶歌趙贊茶禁以後遂以荼易茶

董其昌茶董題詞 荀子曰其爲人也多暇其出入也

不遠矣陶通明曰不爲無益之事何以悦有涯之生余謂茗椀之事足當之蓋幽人高士蟬蛻勢利以耗壯心而送日月水源之輕重辨若淄澠火候之文武調若丹鼎非枕漱之侶不親非文字之飲不比者也當今此事惟許夏茂卿拈出顧渚陽羨肉食者往焉茂卿亦安能禁壹似强笑不樂强顔無懽茶韻故自勝耳予夙秉幽尚入山十年差可不愧茂卿語今者驅車入閩念鳳團龍餅延津爲瀹豈必土思如廉頗思用趙惟是絶交書所謂心不耐煩而官事鞅掌者竟有負茶竈耳茂卿能以同味諒吾耶

童承敘題陸羽傳後余嘗過竟陵憩羽故寺訪雁橋觀茶井慨然想見其爲人夫羽少厭髡緇篤嗜墳素本非忘世者卒乃寄號桑苧遁跡苕霅嘯歌獨行繼以痛哭其意必有所在時廼比之接輿豈知羽者哉至其性甘茗荈味辨淄澠清風雅趣膾炙今古張顛之於酒也昌黎以爲有所托而逃羽亦以是夫

穀山筆麈茶自漢以前不見於書想所謂檟者卽是矣

李贄疑耀古人冬則飲湯夏則飲水未有茶也李文正資暇錄謂茶始於唐崔寧黃伯思已辨其非伯思

嘗見北齊楊子華作邢子才魏收勘書圖已有煎茶者南牕記談謂飲茶始於梁天監中事見洛陽伽藍記及閱吳志韋曜傳賜茶荈以當酒則茶又非始於梁矣余謂飲茶亦非始於吳也爾雅曰檟苦荼郭璞註可以爲羹飲早採爲茶晚采爲茗一名荈則吳之前亦以茶作飲矣第未如後世之日用不離也蓋自陸羽出茶之法始講自呂惠卿蔡君謨輩出茶之法始精而茶之利國家且藉之矣此古人所不及詳者也

王象晉茶譜小序茶嘉木也一植不再移故婚禮用

茶從一之義也雖兆自食經飲自隋帝而好者尚寡至後興於唐盛於宋始爲世重矣仁宗賢君也頒賜兩府四人僅得兩餅一人分數錢耳宰相家至不敢碾試藏以爲寶其貴重如此近世蜀之蒙山每歲僅以兩計蘇之虎邱至官府預爲封識公爲採製所得不過數觔豈天地閒尤物生固不數數然耶甌泛翠濤碾飛綠屑不藉雲腴孰驅睡魔作茶譜

陳繼儒茶董小序 范希文云萬象森羅中安知無茶星余以茶星名館每與客茗戰旗槍標格天然色香映發若陸季疵復生忍作毁茶論乎夏子茂卿敘酒

其言甚豪予曰何如隱囊紗帽翛然林澗之間摘露芽煮雲腴一洗百年塵土胃耶熱腸如沸茶不勝酒幽韻如雲酒不勝茶酒類俠茶類隱酒固道廣茶亦德素茂卿茶之董狐也因作茶董東佘陳繼儒書於素濤軒

夏茂卿茶董序　自晉唐而下紛紛邾莒之會各立勝場品別淄澠判若南董遂以茶董名篇語曰窮春秋演河圖不如載茗一車誠重之矣如謂此君面目嚴冷而且以爲水厄且以爲乳妖則請效綦毋先生無作此事氷蓮道人識

本草石蕊一名雲茶

卜萬祺松寮茗政虎邱茶色味香韻無可比擬必親詣茶所手摘監製乃得眞產且難久貯即百端珍護稍過時即全失其初矣殆如彩雲易散故不入供御耶但山嵓隙地所產無幾又爲官司禁據寺僧慣雜贋種非精鑒家卒莫能辨明萬曆中寺僧苦大吏需索薙除殆盡文文肅公震孟作薙茶說以譏之至今眞產尤不易得

袁了凡羣書備考茶之名始見於王褒僮約

許次杼茶疏唐人首稱陽羨宋人最重建州於今貢

茶兩地獨多陽羨僅有其名建州亦非上品惟武夷雨前最勝近日所尚者爲長興之羅岕疑卽古顧渚紫筍然岕故有數處今惟峒山最佳姚伯道云明月之峽厥有佳茗韻致清遠滋味甘香足稱仙品其在顧渚亦有佳者今但以水口茶名之全與岕別矣若歙之松蘿吳之虎邱杭之龍井並可與岕頡頏郭次甫極稱黃山黃山亦在歙去松蘿遠甚往時士人皆重天池然飲之略多令人脹滿浙之產曰鴈宕大盤金華日鑄皆與武夷相伯仲錢塘諸山產茶甚多南山儘佳北山稍劣武夷之外有泉州之清源儻以好

手製之亦是武夷亞匹惜多焦枯令人意盡楚之産曰寶慶滇之産曰五華皆表表有名在鴈茶之上其他名山所産當不止此或余未知或名未著故不及論

李詡戒庵漫筆 昔人論茶以槍旗爲美而不取雀舌麥顆蓋芽細則易雜他樹之葉而難辨耳槍旗者猶今稱壺蜂翅是也

四時類要 茶子於寒露候收曬乾以溼沙土拌勻盛筐籠內穰草蓋之不爾即凍不生至二月中取出用糠與焦土種之於樹下或背陰之地開坎圓三尺深

一尺熟劚著糞和土每阬下子六七十顆覆土厚一寸許相離二尺種一叢性惡濕又畏日大槪宜山中斜坡峻坂走水處若平地須深開溝壟以洩水三年後方可收茶

張大復梅花筆談　趙長白作茶史攷訂頗詳要以識其事而已矣龍團鳳餅紫茸驚芽決不可用於今之世予嘗論今之世筆貴而愈失其傳茶貴而愈出其味天下事未有不身試而出之者也

文震亨長物志　古今論茶事者無慮數十家若鴻漸之經君謨之錄可爲盡善然其時法用熟碾爲丸爲

挺故所稱有龍鳳團小龍團密雲龍瑞雲翔龍至宣和間始以茶色白者爲貴漕臣鄭可聞始創爲銀絲水芽以茶剔葉取心清泉漬之去龍腦諸香惟新胯小龍蜿蜒其上稱龍團勝雪當時以爲不更之法而吾朝所尚又不同其烹試之法亦與前人異然簡便異常天趣悉備可謂盡茶之眞味矣至於洗茶候湯擇器皆各有法寧特侈言烏府雲屯等目而已哉

虎邱志 馮夢禎云徐茂吳品茶以虎邱爲第一

周高起洞山茶系 岕茶之尚於高流雖近數十年中事而厥產伊始則自盧仝隱居洞山種於陰嶺遂有

茗嶺之目相傳古有漢王者棲遲茗嶺之陽課童藝茶踵盧仝幽致故陽山所產香味倍勝茗嶺所以老廟後一帶茶猶唐宋根株也貢山茶今已絕種

徐𤊹茶考按茶錄諸書閩中所產茶以建安北苑爲第一壑源諸處次之武夷之名未有聞也然范文正公鬭茶歌云溪邊奇茗冠天下武夷仙人從古栽蘇文忠公云武夷溪邊粟粒芽前丁後蔡相寵嘉則武夷之茶在北宋已經著名第未盛耳但宋元製造團餅似失正味今則靈芽仙萼香色尤清爲閩中第一至於北苑壑源又泯然無稱豈山川靈秀之氣造物

生殖之美或有時變易而然乎

勞大與甌江逸志　按茶非甌産也而甌亦産茶故舊制以之充貢及今不廢張羅峰當國凡甌中所貢方物悉與題蠲而茶獨留將毋以先春之採可薦馨香且歲費物力無多姑存之以稍備芹獻之義耶乃後世因按辦之際不無恣取上爲一下爲十而藝茶之圃遂爲怨叢唯願爲官於此地者不濫取於數外庶不致大爲民病耳

天中記　凡種茶樹必下子移植則不復生故俗聘婦必以茶爲禮義固有所取也

事物紀原榷茶起於唐建中正元之間趙贊張滂建議稅其什一

枕譚古傳注茶樹初採爲茶老爲茗再老爲荈今槩稱茗當是錯用事也

熊明遇岕山茶記產茶處山之夕陽勝於朝陽廟後山西向故稱佳總不如洞山南向受陽氣特專足稱仙品云

冒襄岕茶彙鈔茶產平地受土氣多故其質濁岕茗產於高山渾是風露清虛之氣故爲可尚

吳拭云武夷茶賞自蔡君謨始謂其味過於北苑龍

團周右文極抑之蓋緣山中不諳製焙法一味計多狥利之過也余試采少許製以松蘿法汲虎嘯巖下語兒泉烹之三德俱備帶雲石而復有甘軟氣乃分數百葉寄右文令茶吐氣復酹一杯報君謨於地下耳

釋超全武夷茶歌注建州一老人始獻山茶死後傳爲山神喊山之茶始此

中原市語茶曰渲老

陳詩教灌園史予嘗聞之山僧言茶子數顆落地一莖而生有似連理故婚嫁用茶蓋取一本之義舊傳

茶樹不可移竟有移之而生者乃知晁采寄茶徒襲影響耳唐李義山以對花啜茶爲殺風景予苦渴疾何啻七椀花神有知當不我罪

金陵瑣事茶有肥瘦雲泉道人云凡茶肥者甘甘則不香茶瘦者苦苦則香此又茶經茶訣茶品茶譜之所未發

野航道人朱存理云飲之用必先茶而茶不見於禹貢蓋全民用而不爲利後世榷茶立爲制非古聖意也陸鴻漸著茶經蔡君謨著茶譜孟諫議寄盧玉川三百月團後侈至龍鳳之飾責當備於君謨然清逸

高遠上通王公下逮林野亦雅道也

佩文齋廣羣芳譜茗花即食茶之花色月白而黃心清香隱然瓶之高齋可爲清供佳品且蕊在枝條無不開徧

王新城居易錄廣南人以荳爲茶予頃著之皇華紀聞閱道鄉集有張糾送吳洞荳絕句云茶選脩仁方破碾荳分吳洞忽當筵君謨遠矣知難作試取一瓢江水煎蓋志完遷昭平時作也

分甘餘話宋丁謂爲福建轉運使始造龍鳳團茶上供不過四十餅天聖中又造小團其品過於大團神

宗時命造密雲龍其品又過於小團元祐初宣仁皇太后曰指揮建州今後更不許造密雲龍亦不要團茶揀好茶喫了生得甚好意智宣仁改熙寧之政此其小者顧其言實可爲萬世法士大夫家膏粱子弟尤不可不知也謹備錄之

百夷語茶曰芽以粗茶曰芽以結細茶曰芽以完緬甸夷語茶曰臘扒喫茶曰臈扒儀索

徐葆光中山傳信錄琉球呼茶曰札

武夷茶考按丁謂製龍團蔡忠惠製小龍團皆北苑事其武夷修貢自元時浙省平章高興始而談者輒

稱丁蔡蘇文忠公詩云武夷溪邊粟粒芽前丁後蔡相寵嘉則北苑貢時武夷已爲二公賞識矣至高興武夷貢後而北苑漸至無聞昔人云茶之爲物滌昏雪滯於務學勤政未必無助其與進荔枝桃花者不同然充類至義則亦宦官宮妾之愛君也忠惠直道高名與范歐相亞而進茶一事乃儕晉公君子舉措可不愼歟

隨見錄按沈存中筆談云建茶皆喬木吳蜀唯叢茇而已以余所見武夷茶樹俱係叢茇初無喬木豈存中未至建安歟抑當時北苑與此日武夷有不同歟

有兩人合抱者又與吳蜀叢茇之說互異姑識之以俟參考

蔓姒統譜載漢時人有荼恬出江都易王傳按漢書荼恬蘇林曰荼音食邪反本兩音至唐而荼茶始分耳

焦氏說楛茶曰玉茸 補

續茶經卷上終

男 紹良 較字

續茶經卷上

嘉定陸廷燦幔亭輯

二之具

陸龜蒙集和茶具十詠

茶塢

茗地曲隈回野行多繚繞向陽就中密背澗差還少遙盤雲髻慢亂簇香篝小何處好幽期滿巖春露曉

茶人

天賦識靈草自然鍾野姿閒來北山下似與東風期雨後探芳去雲間幽路危唯應報春鳥得共斯人知

茶筍

所孕和氣深時抽玉笴短輕烟漸結華嫩蘂初成管
尋來青靄曙欲去紅雲煖秀色自難逢傾筐不曾滿

茶籯

金刀劈翠筠織似波紋斜製作自野老攜持伴山娃
昨日鬬煙粒今朝貯綠華爭歌調笑曲日暮方還家

茶舍

旋取山上材架爲山下屋門因水勢斜壁任巖隈曲
朝隨鳥倶散暮與雲同宿不憚採掇勞秪憂官未足

茶竈經云茶竈無突

無突抱輕嵐有烟映初旭盈鍋玉泉沸滿甑雲芽熟奇香襲春桂嫩色凌秋菊煬者若吾徒年年看不足

茶焙

左右擣凝膏朝昏布烟縷方圓隨樣拍次第依層取山謠縱高下火候還文武見說焙前人時時炙花脯紫花焙人以花爲脯

茶鼎

新泉氣味良古鐵形狀醜那堪風雨夜更値煙霞友曾過頳石下又住清溪口頳石清溪皆江南出茶處且共薦皐盧皐盧茶名何勞傾斗酒

茶甌

昔人謝塸埞，徒爲妍詞飾。劉孝威集有謝塸埞啓。豈如珪璧姿，又有煙嵐色。光參筠席上，韻雅金罍側。直使于闐君，從來未嘗識。

煮茶

閒來松間坐，看煮松上雪。時於浪花裏，併下藍英末。傾餘精爽健，忽似氛埃滅。不合別觀書，但宜窺玉札。

皮日休集茶中雜咏茶具

茶籝

筤篣曉攜去，驀過山桑塢。開時送紫茗，負處沾清露。

歌把傍雲泉歸將挂煙樹滿此是生涯黃金何足數

茶竈

南山茶事動竈起巖根傍水羪石髮氣薪燃杉脂香青瓊蒸後凝綠髓炊來光如何重辛苦一一輸膏粱

茶焙

鑿彼碧巖下恰應深二尺泥易帶雲根燒難碍石脉初能燥金餅漸見乾瓊液九里共杉林皆焙名相望在山側

茶鼎

龍舒有良匠鑄此佳樣成立作菌蠢勢煎爲潺湲聲

草堂暮雲陰松窻殘月明此時勺複茗野語知逾清

茶甌

邢客與越人皆能造兹器圓似月魂隨輕如雲魄起

棗花勢旋眼蘋沫香沾齒松下時一看支公亦如此

江西志餘干縣冠山有陸羽茶竈羽嘗鑿石爲竈取

越溪水煎茶於此

陶穀清異錄豹革爲囊風神呼吸之具也煮茶啜之

可以滌滯思而起清風每引此義稱之爲水豹囊

曲洧舊聞范蜀公與司馬溫公同遊嵩山各攜茶以

行溫公取紙爲帖蜀公用小木合子盛之溫公見而

鷟曰景仁乃有茶具也蜀公聞其言留合與寺僧而去後來士大夫茶具精麗極世間之工巧而心猶未厭晁以道嘗以此語客客曰使溫公見今日之茶具又不知云如何也

北苑貢茶別錄茶具有銀模銀圈竹圈銅圈等

梅堯臣宛陵集茶竈詩山寺碧溪頭幽人綠巖畔夜火竹聲乾春甌茗花亂兹無雅趣兼薪桂煩燃爨

又茶磨詩云楚匠斵山骨折檀爲轉臍乾坤人力內日月蟻行迷

又有謝晏太祝遺雙井茶五品茶具四枚詩

武夷志五曲朱文公書院前溪中有茶竈文公詩云仙翁遺石竈宛在水中央飲罷方舟去茶烟裊細香

羣芳譜黃山谷云相茶瓢與相筇竹同法不欲肥而欲瘦但須飽風霜耳

樂純雪菴清史陸叟溺於茗事嘗爲茶論并煎炙之法造茶具二十四事以都統籠貯之時好事者家藏一副於是若韋鴻臚木待制金法曹石轉運胡員外羅樞密宗從事漆雕祕閣陶寶文湯提點竺副帥司職方輩皆入吾籯中矣

許次杼茶疏凡士人登山臨水必命壺觴若茗椀薰

爐置而不問，是徒豪舉耳。余特置游装精茗名香同行異室茶罌銚注甌洗盆巾諸具畢備而附以香奩小爐香囊匙箸

未曾汲水先備茶具必潔必燥瀹時壺蓋必仰置磁盂勿覆案上漆氣食氣皆能敗茶

朱存理茶具圖贊序飲之用必先茶而制茶必有其具錫具姓而繫名寵以爵加以號季宋之彌文然清逸高遠上逼王公下逮林野亦雅道也願與十二先生周旋嘗山泉極品以終身此閒富貴也天豈靳乎哉

審安老人茶具十二先生姓名

韋鴻臚 文鼎 景暘 四窗閒叟

木待制 利濟 忘機 隔竹主人

金法曹 研古 鑠古 元鍇 仲鑑 雍之舊民 和琴先生

石轉運 鑿齒 遄行 香屋隱君

胡員外 惟一 宗許 貯月仙翁

羅樞密 若藥 傳師 思隱寮長

宗從事 子弗 不遺 掃雲溪友

漆雕祕閣 承之 易持 古臺老人

陶寶文 去越 自厚 兔園上客

湯提點　發新　一鳴　溫谷遺老

竺副帥　善調　希默　雪濤公子

司職方　成式　如素　潔齋居士

高濂遵生八牋茶具十六事收貯於器局內供役於苦節君者故立名管之蓋欲歸統於一以其素有貞心雅操而自能守之也

商象　古石鼎也用以煎茶

降紅　銅火筯也用以簇火不用聯索爲便

遞火　銅火斗也用以搬火

團風　素竹扇也用以發火

分盈　挹水杓也用以量水觔兩即茶經水則也

執權　準茶秤也用以衡茶每杓水二觔用茶一兩

注春　磁瓦壺也用以注茶

啜香　磁瓦甌也用以啜茗

撩雲　竹茶匙也用以取果

納敬　竹茶橐也用以放盞

漉塵　洗茶籃也用以澣茶

歸潔　竹筅箒也用以滌壺

受汚　拭抹布也用以潔甌

靜沸　竹架即茶經支鍑也

運鋒　劖果刀也用以切果

甘鈍　木碪墩也

王友石譜竹爐并分封茶具六事

苦節君　湘竹風爐也用以煎茶更有行省收藏之

建城　以箬爲籠封茶以貯庋閣

雲屯　磁瓦瓶用以杓泉以供煮水

水曹　卽磁缸瓦缶用以貯泉以供火鼎

烏府　以竹爲籃用以盛炭爲煎茶之資

器局　編竹爲方箱用以總收以上諸茶具者

品司　編竹爲圓撞提盒用以收貯各品茶葉以待烹品者也

屠赤水茶箋茶具

湘筠焙　焙茶箱也

鳴泉　煑茶磁罐

沉垢　古茶洗

合香　藏日支茶瓶以貯司品者

易持　用以納茶即漆雕祕閣

屠隆考槃餘事構一斗室相傍書齋內設茶具敎一童子專主茶役以供長日清談寒宵兀坐此幽人首務不可少廢者

灌園史盧廷璧嗜茶成癖號茶庵嘗蓄元僧詎可庭

茶具十事具衣冠拜之

周亮工閩小紀閩人以粗磁膽瓶貯茶近鼓山支提新茗出一時盡學新安製爲方圓錫具遂覺神采奕奕不同

馮可賓岕茶牋論茶具茶壺以窑器爲上錫次之茶杯汝官哥定如未可多得則適意者爲佳耳

李日華紫桃軒雜綴昌化茶大葉如桃枝柳梗乃極香余過逆旅偶得手摩其焙甑三日龍麝氣不斷

臞仙云古之所有茶竈但聞其名未嘗見其物想必無如此清氣也予乃陶土粉以爲瓦器不用泥土爲

之大能耐火雖猛焰不裂徑不過尺五高不過二尺余上下皆鏤銘頌箴戒之又置湯壺於上其座皆空下有陽谷之穴可以藏瓢甌之具清氣倍常

重慶府志涪江青蠊石爲茶磨極佳

南安府志崇義縣出茶磨以上猶縣石門山石爲之尤佳蒼礐縝密鐫琢堪施

聞龍茶箋茶具滌畢覆於竹架俟其自乾爲佳其拭巾只宜拭外切忌拭內蓋布帨雖潔一經人手極易作氣縱器不乾亦無大害

續茶經卷上　　男　紹良　較字

茶經
二

續茶經卷上

嘉定陸廷燦　幔亭　輯

三之造

唐書太和七年正月吳蜀貢新茶皆於冬中作法爲之上務恭儉不欲逆物性詔所在貢茶宜於立春後造

北堂書鈔茶譜續補云龍安造騎火茶最爲上品騎火者言不在火前不在火後作也清明改火故曰火

大觀茶論茶工作於驚蟄尤以得天時爲急輕寒英華漸長條達而不迫茶工從容致力故其色味兩全

故焙人得茶天爲度

擷茶以黎明見日則止用爪斷芽不以指揉凡芽如雀舌穀粒者爲鬬品一槍一旗爲揀芽一槍二旗爲次之餘斯爲下茶之始芽萌則有白合不去害茶味既擷則有烏蔕不去害茶色

茶之美惡尤係於蒸芽壓黃之得失蒸芽欲及熟而香壓黃欲膏盡亟止如此則製造之功十得八九矣

滌芽惟潔濯器惟淨蒸壓惟其宜研膏惟熟焙火惟良造茶先度日晷之長短均工力之衆寡會來擇之多少使一日造成恐茶過宿則害色味

茶之範度不同如人之有首面也其首面之異同難以槩論要之色瑩徹而不駁質縝繹而不浮舉之凝結碾之則鏗然可驗其爲精品也有得於言意之表者

白茶自爲一種與常茶不同其條敷闡其葉瑩薄崖林之間偶然生出有者不過四五家生者不過一二株所造止於二三胯而已須製造精微運度得宜則表裏昭澈如玉之在璞他無與倫也

蔡襄茶錄茶味主於甘滑惟北苑鳳凰山連屬諸焙所造者味佳隔溪諸山雖及時加意製作色味皆重

莫能及也又有水泉不甘能損茶味前世之論水品者以此

東溪試茶錄建溪茶比他郡最先北苑壑源者尤早歲多暖則先驚蟄十日即芽歲多寒則後驚蟄五日始發先芽者氣味俱不佳惟過驚蟄者爲第一民間常以驚蟄爲候諸焙後北苑者半月去遠則益晚凡斷芽必以甲不以指以甲則速斷不柔以指則多溼易損擇之必精濯之必潔蒸之必香火之必良一失其度俱爲茶病

芽擇肥乳則甘香而粥面著盞而不散土瘠而芽短

則雲腳渙亂去盞而易散葉梗長則受水鮮白葉梗短則色黄而泛烏蔕白合茶之大病不去烏蔕則色黄黑而惡不去白合則味苦澀蒸芽必熟去膏必盡蒸芽未熟則草木氣存去膏未盡則色濁而味重受烟則香奪壓黄則味失此皆茶之病也

北苑別錄御園四十六所廣袤三十餘里自官平而上爲內園官坑而下爲外園方春靈芽萌坼先民焙十餘日如九窠十二隴龍游窠小苦竹張坑西際又爲禁園之先也而石門乳吉香口三外焙常後北苑五七日興工每日采茶蒸榨以其黄悉送北苑併造

造茶舊分四局匠者起好勝之心彼此相誇不能無弊遂并而爲二焉故茶堂有東局西局之名茶銙有東作西作之號凡茶之初出研盆盪之欲其勻揉之欲其膩然後入圈製銙隨笪過黄有方故銙有花銙有大龍有小龍品色不同其名亦異隨綱繫之於貢茶云

采茶之法須是侵晨不可見日晨則夜露未晞茶芽肥潤見日則爲陽氣所薄使芽之膏腴內耗至受水而不鮮明故每日常以五更撾鼓集羣夫於鳳凰山（山有伐鼓亭日役采夫二百二十二人）監采官人給一牌入山至辰刻

則復鳴鑼以聚之恐其踰時貪多務得也大抵採茶亦須習熟募夫之際必擇土著及諳曉之人非特識茶發早晚所在而於采摘亦知其指要耳

茶有小芽有中芽有紫芽有白合有烏蔕不可不辨小芽者其小如鷹爪初造龍團勝雪白茶以其芽先次蒸熟置之水盆中剔取其精英僅如針小謂之水芽是小芽中之最精者也中芽古謂之一槍二旗是也紫芽葉之紫者也白合乃小芽有兩葉抱而生者是也烏蔕茶之帶頭是也凡茶以水芽爲上小芽次之中芽又次之紫芽白合烏蔕在所不取使其擇焉

而精則茶之色味無不佳萬一雜之以所不取則首面不均色濁而味重也

驚蟄節萬物始萌每歲常以前三日開焙遇閏則後之以其氣候少遲故也

蒸芽再四洗滌取令潔淨然後入甑俟湯沸蒸之然蒸有過熟之患有不熟之患過熟則色黃而味淡不熟則色青而易沉而有草木之氣故唯以得中爲當

茶既蒸熟謂之茶黄須淋洗數過（欲其冷也）方入小榨以去其水又入大榨以出其膏（水芽則以高榨壓之以其芽嫩故也）先包以布帛束以竹皮然後入大榨壓之至中夜取出揉

勻復如前入榨謂之翻榨徹曉奮擊必至於乾淨而後已蓋建茶之味遠而力厚非江茶之比江茶畏沉其膏建茶唯恐其膏之不盡膏不盡則色味重濁矣」茶之過黄初入烈火焙之次過沸湯爁之凡如是者三而後宿一火至翌日遂過煙焙之火不欲烈烈則面泡而色黑又不欲烟烟則香盡而味焦但取其溫溫而已凡火之數多寡皆視其銙之厚薄銙之厚者有十火至於十五火銙之薄者六火至於八火火數既足然後過湯上出色出色之後置之密室急以扇扇之則色澤自然光瑩矣

研茶之具以柯爲杵以瓦爲盆分團酌水亦皆有數上而勝雪白茶以十六水下而揀芽之水六小龍鳳四大龍鳳二其餘皆一十二焉自十二水而上曰研一團自六水而下曰研三團至七團每水研之必至於水乾茶熟而後已水不乾則茶不熟茶不熟則首面不匀煎試易沉故研夫尤貴於强有力者也嘗謂天下之理未有不相須而成者有北苑之芽而後有龍井之水龍井之水清而且甘晝夜酌之而不竭凡茶自北苑上者皆資焉此亦猶錦之於蜀江膠之於阿井也詎不信然

姚寬西溪叢語　建州龍焙面北謂之北苑有一泉極清澹謂之御泉用其池水造茶卽壞茶味惟龍團勝雪白茶二種謂之水芽先蒸後揀每一芽先去外兩小葉謂之烏蔕又次取兩嫩葉謂之白合留小心芽置於水中呼爲水芽聚之稍多卽研焙爲二品卽龍團勝雪白茶也茶之極精好者無出於此每胯計工價近二十千其他皆先揀而后蒸研其味次第減也茶有十綱第一綱第二綱太嫩第三綱最妙自六綱至十綱小團至大團而止

黃儒品茶要錄　茶事起於驚蟄前其釆芽如鷹爪初

造曰試焙又曰一火其次曰二火二火之茶已次一火矣故市茶芽者惟伺出於三火前者爲最佳尤喜薄寒氣候陰不至凍芽發時尤畏霜有造於一火二火者皆遇霜而三火霜霽則三火之茶勝矣晴不至於暄則穀芽含養約勒而滋長有漸采工亦優爲矣凡試時泛色鮮白隱於薄霧者得於佳時而然也有造於積雨者其色昏黃或氣候暴暄茶芽蒸發采工汗手薰漬揀摘不潔則製造雖多皆爲常品矣試時色非鮮白水脚微紅者過時之病也

茶芽初采不過盈筐而已趨時爭新之勢然也既采

而蒸旣蒸而研蒸或不熟雖精芽而所損已多試時味作桃仁氣者不熟之病也唯正熟者味甘香

蒸芽以氣爲候視之不可以不謹也試時色黃而粟紋大者過熟之病也然過熟愈於不熟以甘香之味勝也故君謨論色則以青白勝黃白而余論味則以黃白勝青白

茶蒸不可以逾久久則過熟又久則湯乾而焦釜之氣出茶工有乏薪湯以益之是致蒸損茶黃故試時色多昏黯氣味焦惡者焦釜之病也建人謂之熱鍋氣

夫茶本以芽葉之物就之棬模既出棬上笪焙之用火務令通熱卽以茶覆之虛其中以透火氣然茶民不喜用實炭號爲冷火以茶餅新溼急欲乾以見售故用火常帶烟焰烟焰既多稍失看候必致薰損茶餅試時其色昏紅氣味帶焦者傷焙之病也

茶餅先黃而又如陰潤者榨不乾也榨欲盡去其膏膏盡則有如乾竹葉之意唯喜飾首面者故榨不欲乾以利易售試時色雖鮮白其味帶苦者漬膏之病也

茶色清潔鮮明則香與味亦如之故採佳品者常於

半曉間銜蒙雲霧而出或以甆罐汲新泉懸胸臆間采得即投於中蓋欲其鮮也如或日氣烘爍茶芽暴長工力不給其采芽已陳而不及蒸蒸而不及研研或出宿而後製試時色不鮮明薄如壞卵氣者乃壓黄之病也

茶之精絶者曰鬬曰亞鬬其次揀芽茶芽鬬品雖最上園戶或止一株蓋天材間有特異非能皆然也且物之變勢無常而人之耳目有盡故造鬬品之家有昔優而今劣前負而後勝者雖人工有至有不至亦造化推移不可得而擅也其造一火曰鬬二火曰亞

鬬不過十數銙而已揀芽則不然徧園隴中擇其精英者耳其或貪多務得又滋色澤往往以白合盜葉間之試時色雖鮮白其味澀淡者間白合盜葉之病也凡鷹爪之芽有兩小葉抱而生者白合也新條葉之初生而白者盜葉也造揀芽者只剔取鷹爪而白合不用況盜葉乎

物固不可以容僞況飲食之物尤不可也故茶有入他草者建人號爲入雜銙列入柿葉常品入桴檻葉二葉易致又滋色澤園民欺售直而爲之試時無粟紋甘香盞面浮散隱如微毛或星星如纖絮者入雜之病也善茶品者側盞視之所入之多寡從可知矣

嚮上下品有之近雖鈐列亦或勾使

萬花谷龍焙泉在建安城東鳳凰山一名御泉北苑造貢茶社前芽細如針用此水研造每片計工直錢四萬分試其色如乳乃最精也

文獻通考宋人造茶有二類曰片曰散片者卽龍團舊法散者則不蒸而乾之如今時之茶也始知南渡之後茶漸以不蒸爲貴矣

學林新編茶之佳者造在社前其次火前謂寒食前也其下則雨前謂穀雨前也唐僧齊已詩曰高人愛惜藏巖裏白甀封題寄火前其言火前蓋未知社前

之爲佳也唐人於茶雖有陸羽茶經而持論未精至本朝蔡君謨茶錄則持論精矣

苕溪詩話北苑官焙也漕司歲貢爲上壑源私焙也土人亦以入貢爲次二焙相去三四里間若沙溪外焙也與二焙絕遠爲下故魯直詩莫遣沙溪來亂眞是也官焙造茶嘗在驚蟄後

朱翌猗覺寮記唐造茶與今不同今採茶者得芽即蒸熟焙乾唐則旋摘旋炒劉夢得試茶歌自傍芳叢摘鷹嘴斯須炒成滿室香又云陽崖陰嶺各不同未若竹下莓苔地竹間茶最佳

武夷志通仙井在御茶園水極甘冽每當造茶之候則井自溢以供取用

金史泰和五年春罷造茶之防

張源茶錄茶之妙在乎始造之精藏之得法點之得宜優劣定於始鐺清濁係乎末火火烈香清鐺寒神倦火烈生焦柴疎失翠久延則過熟速起卻還生熟則犯黄生則著黑帶白點者無妨絕焦點者最勝

藏茶切勿臨風近火臨風易冷近火先黄其置頓之所須在時時坐卧之處逼近人氣則常溫而不寒必

須板房不宜土室板房溫燥土室潮蒸又要透風勿置幽隱之處不惟易生溼潤兼恐有失檢點

謝肇淛五雜組古人造茶多舂令細末而蒸之唐詩家僮隔竹敲茶臼是也至宋始用碾若揉而焙之則本朝始也但揉者恐不及細末之耐藏耳

今造團之法皆不傳而建茶之品亦遠出吳會諸品下其武夷清源二種雖與上國爭衡而所產不多十九贋鼎故遂令聲價靡復不振

閩之方山太姥支提俱產佳茗而製造不如法故名不出里閈予嘗過松蘿遇一製茶僧詢其法曰茶之

香原不甚相遠惟焙之者火候極難調耳茶葉尖者太嫩而蔕多老至火候匀時尖者已焦而蔕尚未熟二者雜之茶安得佳製松蘿者每葉皆剪去其尖蔕但留中段故茶皆一色而工力煩矣宜其價之高也閩人急於售利每觔不過百錢安得費工如許若價高即無市者矣故近來建茶所以不振也

羅廩茶解採茶製茶最忌手汗體膻口臭多涕不潔之人及月信婦人更忌酒氣蓋茶酒性不相入故採茶製茶切忌沾醉

茶性淫易於染着無論腥穢及有氣息之物不宜近

即名香亦不宜近

許次杼茶疏岕茶非夏前不摘初試摘者謂之開園采自正夏謂之春茶其地稍寒故須待時此又不當以太遲病之徃時無秋日摘者近乃有之七八月重摘一番謂之早春其品甚佳不嫌少薄他山射利多摘梅茶以梅雨時采故名梅茶苦澀且傷秋摘佳產戒之

茶初摘時香氣未透必借火力以發其香然茶性不耐勞炒不宜久多取入鐺則手力不勻久於鐺中過熟而香散矣炒茶之鐺最忌新鐵須預取一鐺以備

炒毋得別作他用一說惟常煮飯者佳既無鐵鉎亦無脂膩炒茶之薪僅可樹枝勿用幹葉幹則火力猛熾葉則易焰易滅鐺必磨洗瑩潔旋摘旋炒一鐺之內僅可四兩先用文火炒軟次加武火催之手加木指急急鈔轉以半熟爲度微俟香發是其候也

清明太早立夏太遲穀雨前後其時適中若再遲一二日待其氣力完足香烈尤倍易於收藏

藏茶於庋閣其方宜塼底數層四圍磚砌形若火爐愈大愈善勿近土牆頓甕其上隨時取竈下火灰候冷簇於甕傍半尺以外仍隨時取火灰簇之令裏灰

常燥以避風濕却忌火氣入甕蓋能黃茶耳日用所須貯於小磁瓶中者亦當箬包苧紮勿令見風且宜置於案頭勿近有氣味之物亦不可用紙包蓋茶性畏紙紙成於水中受水氣多也紙裹一夕即隨紙作氣而茶味盡矣雖再焙之少頃即潤鴈宕諸山之茶首坐此病紙帖貽遠安得復佳

茶之味清而性易移藏法喜溫燥而惡冷溼喜清涼而惡鬱蒸宜清觸而忌香惹藏用火焙不可日曬世人多用竹器貯茶雖加箬葉擁護然箬性峭勁不甚伏帖風溼易侵至於地爐中頓放萬萬不可人有以

竹器盛茶置被籠中用火即黄除火即潤忌之忌之

聞龍茶箋嘗考經言茶焙甚詳愚謂今人不必全用此法予構一焙室高不踰尋方不及丈縱廣正等四圍及頂綿紙密糊無小罅隙置三四火缸於中安新竹篩於缸內預洗新麻布一片以襯之散所炒茶於篩上闔戶而焙上面不可覆蓋以茶葉尚潤一覆則氣悶罨黄須焙二三時俟潤氣既盡然後覆以竹箕焙極乾出缸待冷入器收藏後再焙亦用此法則香色與味猶不致大減

諸名茶法多用炒惟羅岕宜於蒸焙味眞蘊藉世競

珍之卽顧渚陽羨密邇洞山不復倣此想此法偏宜於岕未可槩施諸他茗也然經已云蒸之焙之則所從來遠矣

吳人絕重岕茶往往雜以黒箬大是闕事余每藏茶必令樵靑入山採竹箭箬拭淨烘乾護罌四週半用剪碎拌入茶中經年發覆青翠如新

吳興姚叔度言茶若多焙一次則香味隨减一次尋驗之良然但於始焙時烘令極燥多用炭箬如法封固卽梅雨連旬燥仍自若惟開罎頻取所以生潤不得不再焙耳自四月至八月極宜致謹九月以後天

氣漸肅便可解嚴矣雖然能不弛懈尤妙炒茶時須用一人從傍扇之以祛熱氣否則茶之色香味俱減此予所親試扇者色翠不扇者色黄炒起出鐺時置大磁盆中仍須急扇令熱氣稍退以手重揉之再散入鐺以文火炒乾之蓋揉則其津上浮點時香味易出田子藝以生曬不炒不揉者爲佳其法亦未之試耳

羣芳譜以花拌茶頗有别致凡梅花木樨茉莉玫瑰薔薇蘭蕙金橘梔子木香之屬皆與茶宜當於諸花香氣全時摘拌三停茶一停花收於磁罐中一層茶

一層花相間塡滿以紙篛封固入淨鍋中重湯煑之取出待冷再以紙封裹於火上焙乾貯用但上好細芽茶忌用花香反奪其眞味惟平等茶宜之

雲林遺事蓮花茶就池沼中於早飯前日初出時擇取蓮花蕊略綻者以手指撥開入茶滿其中用麻絲縛紮定經一宿次早連花摘之取茶紙包曬如此三次錫罐盛貯紮口收藏

邢士襄茶說凌露無雲采候之上霽日融和采候之次積日重陰不知其可

田藝衡煑泉小品芽茶以火作者爲次生曬者爲上

亦更近自然且斷烟火氣耳況作人手器不潔火候失宜皆能損其香色也生曬茶瀹之甌中則旗鎗舒暢清翠鮮明香潔勝於火炒尤爲可愛

洞山茶系岕茶采焙定以立夏後三日陰雨又需之世人妄云雨前真岕抑亦未知茶事矣茶園既開入山賣草枝者日不下二三百石山民收製以假混真好事家躬往予租采焙戒視惟謹多被潛易真茶去人地相京高價分買家不能二三觔近有采嫩葉除尖蒂抽細筋焙之亦曰片茶不去尖筋炒而復焙燥如葉狀曰攤茶並難多得又有俟茶市將闌采取剩

葉焙之名曰修山茶香味足而色差老若今四方所貨岕片多是南岳片子署爲騙茶可矣茶賈衘人率以長潮等茶本岕亦不可得噫安得起陸龜蒙於九京與之賡茶人詩也茶人皆有市心令予徒仰眞茶而已故余煩悶時每誦姚合乞茶詩一過

月令廣義炒茶每鍋不過半觔先用乾炒後微灑水以布捲起揉做

茶擇淨微蒸候變色攤開扇去溼熱氣揉做畢用火焙乾以箬葉包之語曰善蒸不若善炒善曬不若善焙蓋茶以炒而焙者爲佳耳

農政全書採茶在四月嫩則益人粗則損人茶之爲道釋滯去垢破睡除煩功則著矣其或採造藏貯之無法碾焙煎試之失宜則雖建芽浙茗祇爲常品耳此製作之法宜亟講也

馮夢禎快雪堂漫錄炒茶鍋令極淨茶要少火要猛以手拌炒令軟淨取出攤於匾中略用手揉之揉去焦梗冷定復炒極燥而止不得便入瓶置於淨處不可近溼一二日後再入鍋炒令極燥攤冷然後收藏藏茶之器先用湯煮過烘燥乃燒栗炭透紅投器中覆之令黑去炭及灰入茶五分投入冷炭再入茶將

滿又以宿箬葉實之用厚紙封固甖口更包燥淨無氣味甎石壓之置於高燥透風處不得傍牆壁及泥地方得

屠長卿考槃餘事茶宜箬葉而畏香藥喜溫燥而忌冷溼故收藏之法先於清明時收買箬葉揀其最青者預焙極燥以竹絲編之每四片編爲一塊聽用又買宜興新堅大罌可容茶十觔以上者洗淨焙乾聽用山中采焙回復焙一番去其茶子老葉梗屑及枯焦者以大盆埋伏生炭覆以竈中敲細赤火旣不生烟又不易過置茶焙下焙之約以二一觔作一焙別用

炭火入大爐內將罌懸架其上烘至燥極而止先以編箬襯於罌底茶焙燥後扇冷方入茶之燥以拈起即成末為驗隨焙隨入既滿又以箬葉覆於茶上每茶一觔約用箬二兩罌口用尺八紙焙燥封固約六七層擫以方厚白木板一塊亦取焙燥者然後於向明淨室或高閣藏之用時以新燥宜興小瓶約可受四五兩者另貯取用後隨即包整夏至後三日再焙一次秋分後三日又焙一次一陽後三日又焙一次連山中共焙五次從此直至交新色味如一罌中用淺更以燥箬葉滿貯之雖久不浥

又一法以中罈盛茶約十觔一瓶每年燒稻草灰入大桶內將茶瓶座於桶中以灰四面塡桶瓶上覆灰築實用時撥灰開瓶取茶些少仍復封瓶覆灰則再無蒸壞之患次年另換新灰

又一法於空樓中懸架將茶瓶口朝下放則不蒸緣蒸氣自天而下也

采茶時先自帶鍋入山別租一室擇茶工之尤良者倍其雇値戒其搓摩勿使生硬勿令過焦細細炒燥扇冷方貯罌中

采茶不必太細細則芽初萌而味欠足不可太青靑

則葉已老而味欠嫩須在穀雨前後覔成梗帶葉微綠色而團且厚者爲上更須天色晴明採之方妙若閩廣嶺南多瘴癘之氣必待日出山霽霧瘴嵐氣收淨采之可也

馮可賓岕茶箋茶雨前精神未足夏後則梗葉太麤然以細嫩爲妙須當交夏時時看風日晴和月露初收親自監采入籃如烈日之下應防籃內鬱蒸又須傘蓋至舍速傾於淨籃內薄攤細揀枯枝病葉蛸絲青牛之類一一剔去方爲精潔也

蒸茶須看葉之老嫩定蒸之遲速以皮梗碎而色帶

赤爲度若太熟則失鮮其鍋內湯須頻換新水蓋熟湯能奪茶味也

陳眉公太平清話吳人於十月中采小春茶此時不獨逗漏花枝而尤喜日光晴暖從此蹉過霜凄鴈凍不復可堪矣

眉公云采茶欲精藏茶欲燥烹茶欲潔

吳拭云山中採茶歌凄清哀婉韻態悠長一聲從雲際飄來未嘗不潸然隋淚吳歌未便能動人如此也

熊明遇岕山茶記貯茶器中先以生炭火煅過於烈日中暴之令火滅乃亂插茶中封固罌口覆以新鞾

置於高爽近人處霉天雨候切忌發覆須於晴燥日開取其空缺處卽當以箬塡滿封閟如故方爲可久

雪蕉館記談　明玉珍子昇在重慶取涪江青蠊石爲茶磨令宮人以武隆雪錦茶碾焙以大足縣香霏亭海棠花味倍於常海棠無香獨此地有香焙茶尤妙

詩話　顧渚湧金泉每歲造茶時太守先祭拜然後水稍出造貢茶畢水漸減至供堂茶畢已減半矣太守茶畢遂涸北苑龍焙泉亦然

紫桃軒雜綴　天下有好茶爲凡手焙壞有好山水爲俗子粧點壞有好子弟爲庸師敎壞眞無可奈何耳

匡廬絶頂產茶在雲霧蒸蔚中極有勝韻而僧拙於焙瀹之爲赤滷豈復有茶哉戊戌春小住東林同門人董獻可曹不隨萬南仲手自焙茶有淺碧從教如凍柳清芬不遣雜花飛之句旣成色香味殆絶

顧渚前朝名品正以採摘初芽加之法製所謂罄一畝之入僅充半環取精之多自然擅妙也今碌碌諸葉茶中無殊菜瀋何勝括目　金華仙洞與閩中武夷俱良材而厄於焙手　埭頭本草市溪菴施濟之品近有蘇焙者以色稍青遂混常價

〔岕茶彙鈔〕岕茶不炒甑中蒸熟然後烘焙緣其摘遲

枝葉微老炒不能軟徒枯碎耳亦有一種細炒岕乃他山炒焙以欺好奇者岕中人惜茶決不忍嫩采以傷樹本余意他山摘茶亦當如岕之遲摘老蒸似無不可但未經嘗試不敢漫作

茶以初出雨前者佳惟羅岕立夏開園吳中所貴梗觕葉厚者有蕭箬之氣還是夏前六七日如雀舌者最不易得

檀几叢書 南岳貢茶天子所嘗不敢置品縣官修貢期以清明日入山肅祭乃始開園采造視松羅虎邱而色香豐美自是天家清供名曰片茶初亦如岕茶

製法萬曆丙辰僧稠蔭遊松蘿乃仿製爲片

馮時可滇行記略滇南城外石馬井泉無異惠泉感通寺茶不下天池伏龍特此中人不善焙製耳徽州松蘿舊亦無聞偶虎邱一僧徃松蘿菴如虎邱法焙製遂見嗜於天下恨此泉不逢陸鴻漸此茶不逢虎邱僧也

湖州志長興縣啄木嶺金沙泉唐時每歲造茶之所也在湖常二郡界泉處沙中居常無水將造茶二郡太守畢至具儀注拜敕祭泉頃之發源其夕清溢供御者畢水即微減供堂者畢水已半之太守造畢水

即涸矣太守或還旆稽期則示風雷之變或見鷙獸毒蛇木魅陽睒之類焉商旅多以顧渚水造之無沾金沙者今之紫筍即用顧渚造者亦甚佳矣

高濂八牋 藏茶之法以箬葉封裹入茶焙中兩三日一次用火當如人體之溫溫然而溼潤自去若火多則茶焦不可食矣

周亮工閩小紀 武夷屴崱紫帽龍山皆產茶僧拙於焙既採則先蒸而後焙故色多紫赤只堪供宮中澣濯用耳近有以松蘿法製之者即試之色香亦具足經旬月則紫赤如故蓋製茶者不過土著數僧耳語

三吳之法轉轉相效舊態畢露此須如昔人論琵琶法使數年不近盡忘其故調而後以三吳之法行之或有當也

徐茂吳云實茶大甕底置箬甕口封閟倒放則過夏不黃以其氣不外泄也子晋云當倒放有蓋缸內缸宜砂底則不生水而常燥加謹封貯不宜見日見日則生翳而味損矣藏又不宜於熱處新茶不宜驟用貯過黃梅其味始足

張大復梅花筆談松蘿之香馥馥廟後之味閑閑顧渚撲人鼻孔齒頰都異久而不忘然其妙在造凡宇

內道地之產性相近也習相遠也吾深夜被酒發張震封所遺顧渚連啜而醒

宗室文昭古瓻集桐花頗有清味因收花以熏茶命之曰桐茶有長泉細火夜煎茶覺有桐香入齒牙之句

王草堂茶說武夷茶自穀雨采至立夏謂之頭春約隔二旬復采謂之二春又隔又采謂之三春頭春葉粗味濃二春三春葉漸細味漸薄且帶苦矣夏末秋初又采一次名爲秋露香更濃味亦佳但爲來年計惜之不能多采耳茶采後以竹筐勻鋪架於風日中

名曰曬青俟其青色漸收然後再加炒焙陽羨岕片祇蒸不炒火焙以成松蘿龍井皆炒而不焙故其色純獨武夷炒焙兼施烹出之時半青半紅青者乃炒色紅者乃焙色也茶采而攤攤而摝香氣發越卽炒過時不及皆不可既炒既焙復揀去其中老葉枝蒂使之一色釋超全詩云如梅斯馥蘭斯馨心閒手敏工夫細形容殆盡矣

王草堂節物出典養生仁術云穀雨日採茶炒藏合法能治痰及百病

隨見錄凡茶見日則味奪惟武夷茶喜日曬

武夷造茶其巖茶以僧家所製者最爲得法至洲茶中采回時逐片擇其背上有白毛者另炒另焙謂之白毫又名壽星眉摘初發之芽一旗未展者謂之蓮子心連枝二寸剪下烘焙者謂之鳳尾龍鬚要皆異其製造以欺人射利實無足取焉

男　紹良　較字

續茶經卷上

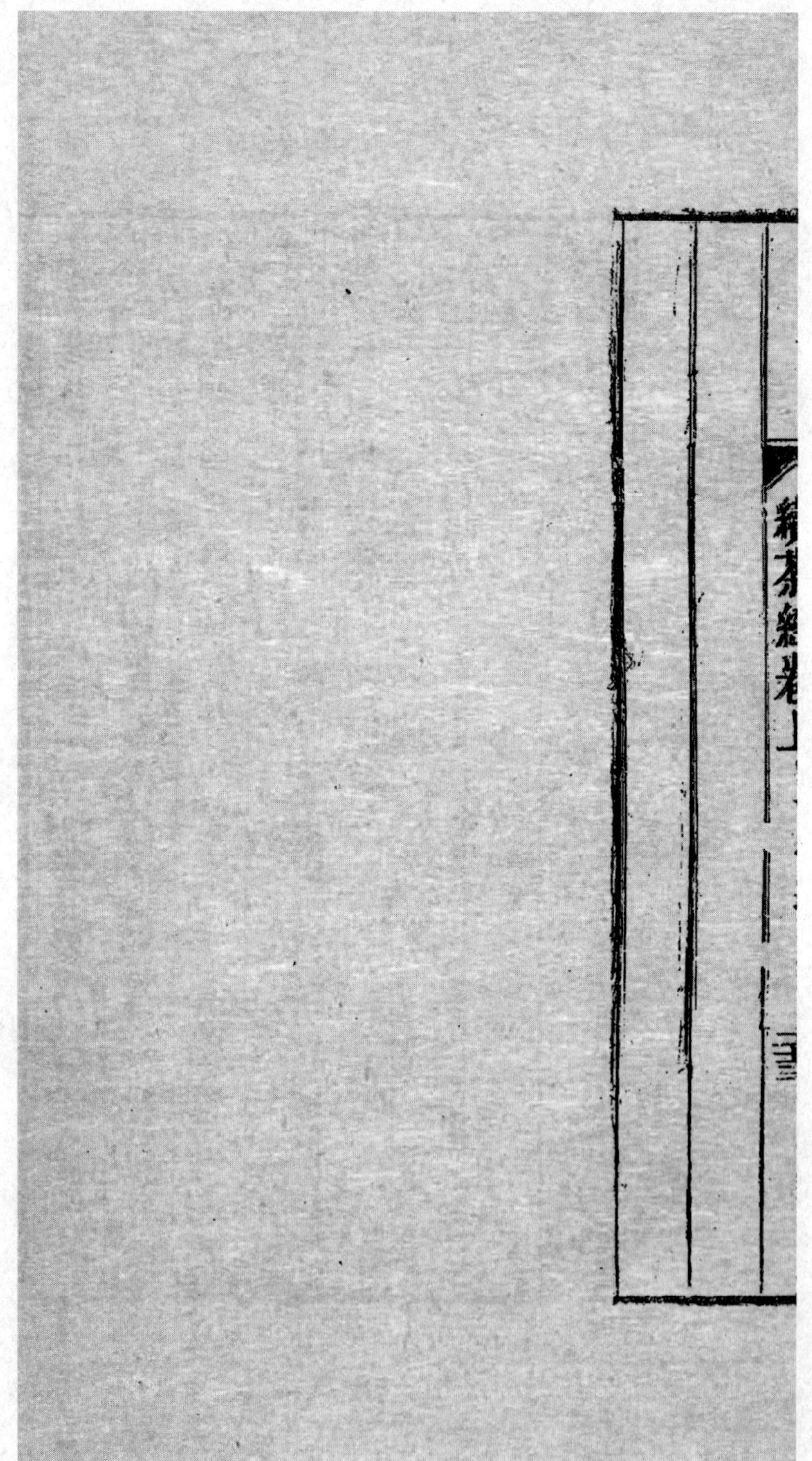

續茶經卷中

嘉定陸廷燦　幔亭　輯

四之器

御史臺記唐制御史有三院一曰臺院其僚爲侍御史二曰殿院其僚爲殿中侍御史三曰察院其僚爲監察御史察院廳居南會昌初監察御史鄭路所葺禮察廳謂之松廳以其南有古松也刑察廳謂之魘廳以寢於此者多夢魘也兵察廳主掌院中茶其茶必市蜀之佳者貯於陶器以防暑濕御史輒躬親緘啓故謂之茶瓶廳

資暇集茶托子始建中蜀相崔寧之女以茶杯無襯病其熨指取楪子承之旣啜而杯傾乃以蠟環楪子之央其盃遂定卽命工匠以漆代蠟環進於蜀相蜀相奇之爲製名而話於賓親人人爲便用於當代是後傳者更環其底愈新其製以至百狀焉

貞元初青鄆油繒爲荷葉形以襯茶椀別爲一家之楪今人多云托子始此非也蜀相卽今昇平崔家訊則知矣

大觀茶論茶器

羅碾碾以銀爲上熟鐵次之槽欲深而峻輪欲銳而

薄羅欲細而面緊碾必力而速惟再羅則入湯輕泛粥面光凝盡茶之色

盞須度茶之多少用盞之大小盞高茶少則掩蔽茶色茶多盞小則受湯不盡惟盞熱則茶發立耐久

筅以觔竹老者爲之身欲厚重筅欲疎勁本欲壯而末必眇當如劍脊之狀蓋身厚重則操之有力而易於運用筅疎勁如劍脊則擊拂雖過而浮沫不生

瓶宜金銀大小之製惟所裁給注湯利害獨瓶之口嘴而已嘴之口差大而宛直則注湯力緊而不散嘴之末欲圓小而峻削則用湯有節而不滴瀝蓋湯力

緊則發速有節不滴瀝則茶面不破

杓之大小當以可受一盞茶爲量有餘不足傾杓煩數茶必冰矣

蔡襄茶錄　茶器

茶焙編竹爲之裹以蒻葉蓋其上以收火也隔其中以有容也納火其下去茶尺許常溫溫然所以養茶色香味也

茶籠茶不入焙者宜密封裹以蒻籠盛之置高處切勿近濕氣

砧椎蓋以碎茶砧以木爲之椎則或金或鐵取於便

用

茶鈐屈金鐵爲之用以炙茶

茶碾以銀或鐵爲之黃金性柔銅及俞石皆能生鉎（音星）不入用

茶羅以絕細爲佳羅底用蜀東川鵝溪絹之密者投湯中揉洗以罩之

茶盞茶色白宜黑盞建安所造者紺黑紋如兔毫其柸微厚熁之久熱難冷最爲要用出他處者或薄或色紫皆不及也其青白盞鬬試自不用

茶匙要重擊拂有力黃金爲上人間以銀鐵爲之竹

者太輕建茶不取

茶瓶要小者易於候湯且點茶注湯有準黃金爲上若人間以銀鐵或瓷石爲之若瓶大啜存停久味過則不佳矣

孫穆鷄林類事 高麗方言茶匙曰茶戌

清波雜志 長沙匠者造茶器極精緻工直之厚等所用白金之數士大夫家多有之寘几案間但知以侈靡相夸初不常用也凡茶宜錫竊意以錫爲合適用而不侈貼以紙則茶味易損

張芸叟云 呂申公家有茶羅子一金飾一棕欄方接

客索銀羅子常客也金羅子禁近也棕欄則公輔必矣家人常挨排於屏間以候之

黃庭堅集同公擇咏茶碾詩要及新香碾一杯不應傳寳到雲來碎身粉骨方餘味莫厭聲喧萬壑雷

陶穀清異錄富貴湯當以銀銚煑之佳甚銅銚煮水錫壺注茶次之

蘇東坡集揚州石塔試茶詩坐客皆可人鼎器手自潔

秦少游集茶臼詩幽人躭茗飲刳木事擣撞巧製合臼形雅音伴柷椌

文與可集謝許判官惠茶器圖詩成圖畫茶器滿幅寫茶詩會說工全妙深諳句特奇

謝宗可咏物詩茶筅此君一節瑩無瑕夜聽松聲漱玉華萬里引風歸蟹眼半瓶飛雪起龍芽香凝翠髮雲生脚濕滿蒼髯浪卷花到手纖毫皆盡力多因不負玉川家

乾淳歲時記禁中大慶會用大鍍金甃以五色果簇飣龍鳳謂之繡茶

演繁露東坡後集二從駕景靈宮詩云病貪賜茗浮銅葉按今御前賜茶皆不用建盞用大湯甃色正白

但其制樣似銅葉湯甃耳銅葉色黃褐色也

周密癸辛雜志宋時長沙茶具精妙甲天下每副用白金三百星或五百星凡茶之具悉備外則以大纓銀合貯之趙南仲丞相帥潭以黃金千兩爲之以進尚方穆陵大喜蓋內院之工所不能爲也

楊基眉庵集咏木茶爐詩紺綠仙人煉玉膚花神爲曝紫霞腴九天清淚沾明月一點芳心託鷓鴣肌骨已爲香魄死夢魂猶在露團枯孀娥莫怨花零落分付餘醺與酪奴

張源茶錄茶銚金乃水母銀備剛柔味不鹹澀作銚

最良製必穿心令火氣易透

茶甌以白磁爲上藍者次之

聞龍茶牋 茶鍑山林隱逸水銚用銀尚不易得何況鍑乎若用之恒歸於鐵也

羅廩茶解 茶爐或瓦或竹皆可而大小須與湯銚稱

凡貯茶之器始終貯茶不得移爲他用

李如一水南翰記 韻書無甆字今人呼盛茶酒器曰甆

檀几叢書 品茶用歐白甆爲良所謂素甆傳靜夜芳氣滿閒軒也製宜弇口邃腸色浮浮而香不散

茶說 器具精潔茶愈爲之生色今時姑蘇之錫注時大彬之沙壺汴梁之錫銚湘妃竹之茶竈宣成窑之茶盞高人詞客賢士大夫莫不爲之珍重卽唐宋以來茶具之精未必有如斯之雅致

聞雁齋筆談 茶旣就筐其性必發於日而遇知巳於水然非煮之茶竈茶爐則亦不佳故曰飲茶富貴之事也

雪庵清史 泉冽性駛非扃以金銀器味必破器而走矣有饋中冷泉於歐陽文忠者公訝曰君故貧士何爲致此奇貺徐視饋器乃曰水味盡矣噫如公言飲

茶乃富貴事耶嘗考宋之大小龍團始於丁謂成於蔡襄公聞而嘆曰君謨士人也何至作此事東坡詩曰武夷溪邊粟粒芽前丁後蔡相寵嘉吾君所乏豈此物致養口體何陋耶觀此則二公又為茶敗壞多矣故余於茶瓶而有感

茶鼎丹山碧水之鄉月澗雲龕之品滌煩消渴功誠不在芝术下然不有似泛乳花浮雲腳則草堂暮雲陰松牕殘雪明何以勺之野語清囈鼎之有功於茶大矣哉故日休有立作菌蠢勢煎為潺湲聲禹錫有驟雨松風入鼎來白雲滿盌花徘徊居仁有浮花原

屬三昧手竹齋自試魚眼湯仲淹有咼磨雲外首山銅瓶攜江上中濡水景綸有待得聲聞俱寂後一甌春雪勝醍醐噫咼之有功於茶大矣哉雖然吾猶有取盧仝柴門反關無俗客紗帽籠頭自煎喫楊萬里老夫平生愛煑茗十年燒穿折腳咼如二君者差可不負此咼耳

馮時可茶錄芘莉一名篣筤茶籠也犧木杓也瓢也

宜興志茗壺陶穴環於蜀山原名獨山東坡居陽羨時以其似蜀中風景改名蜀山今山椒建東坡祠以祀之陶煙飛染祠宇盡黑

冒巢民云茶壺以小爲貴每一客一壺任獨斟飲方得茶趣何也壺小則香不渙散味不躭遲況茶中香味不先不後恰有一時太早或未足稍緩或已過箇中之妙清心自飲化而裁之存乎其人

周高起陽羨茗壺系茶至明代不復碾屑和香藥製團餅已遠過古人近百年中壺黜銀錫及閩豫甆而尚宜興陶此又遠過前人處也陶曷取諸取其製以本山土砂能發眞茶之色香味不但杜工部云傾金注玉驚人眼高流務以免俗也至名手所作一壺重不數兩價每一二十金能使土與黃金爭價世日趨

華抑足感矣考其創始自金沙寺僧久而逸其名又提學頤山吳公讀書金沙寺中有青衣供春者仿老僧法爲之栗色闇闇敦龎周正指螺紋隱隱可按允稱第一世作龔春悞也萬曆間有四大家董翰趙梁玄錫時朋朋卽大彬父也大彬號少山不務妍媚而樸雅堅栗妙不可思遂於陶人擅空羣之目矣此外則有李茂林李仲芳徐友泉又大彬徒歐正春邵文金邵文銀蔣伯荂四人陳用卿陳信卿閔魯生陳光甫又婺源人陳仲美重鏤叠刻細極鬼工沈君用邵蓋周後溪邵二孫陳俊卿周季山陳和之陳挺生承

雲從沈君盛陳辰輩各有所長徐友泉所製之泥色有海棠紅朱砂紫定窯白冷金黃淡墨沉香水碧榴皮葵黃閃色梨皮等名大彬鐫款用竹刀畫之書法閒雅

茶洗式如扁盂中加一盎鬲而細竅其底便於過水漉沙茶藏以閉洗過之茶者陳仲美沈君用各有奇製水杓湯銚亦有製之盡美者要以椰瓢錫缶爲用之恆

茗壺宜小不宜大宜淺不宜深壺蓋宜盎不宜砥湯力茗香俾得團結氤氲方爲佳也

壺若有宿雜氣須滿貯沸湯滌之乘熱傾去卽沒於冷水中亦急出水瀉之元氣復矣

許次杼茶疏茶盒以貯日用零茶用錫爲之從大壜中分出若用盡時再取

茶壺往時尚龔春近日時大彬所製極爲人所重蓋是觕砂製成正取砂無土氣耳

臞仙云茶甌者予嘗以瓦爲之不用磁以筍殼爲蓋以檞葉攢覆於上如蒻笠狀以蔽其塵用竹架盛之極清無比茶匙以竹編成細如笊籬樣與塵世所用者大不凡矣乃林下出塵之物也煎茶用銅瓶不免

湯腥用砂銚亦嫌土氣惟純錫爲五金之母製銚能益水德

謝肇淛五雜組宋初閩茶北苑爲最當時上供者非兩府禁近不得賜而人家亦珍重愛惜如王東城有茶囊惟楊大年至則取以具茶他客莫敢望也

支廷訓集有湯蘊之傳乃茶壺也

文震亨長物志壺以砂者爲上旣不奪香又無熟湯氣錫壺有趙良璧者亦佳吳中歸錫嘉禾黃錫價皆最高

遵生八牋茶銚茶瓶磁砂爲上銅錫次之磁壺注茶

砂銚煑水爲上茶盞惟宣窑壇盞爲最質厚白瑩樣式古雅有等宣窑印花白甌式樣得中而瑩然如玉次則嘉窑心內有茶字小盞爲美欲試茶色黃白豈容青花亂之注酒亦然惟純白色器皿爲最上乘餘品皆不取

試茶以滌器爲第一要茶瓶茶盞茶匙生鉎致損茶味必須先時洗潔則美

曹昭格古要論 古人喫茶湯用擎取其易乾不留滯

陳繼儒試茶詩 有竹爐幽討松火怒飛之句 竹茶爐出惠山者最佳

淵鑒類函茗盌韓詩茗盌纖纖捧

徐葆光中山傳信錄琉球茶甌色黃描青綠花草云出土噶喇其質少麤無花但作氷紋者出大島甌上造一小木蓋朱黑漆之下作空心托子製作頗工亦有茶托茶帚其茶具火爐與中國小異

葛萬里清異錄時大彬茶壺有名釣雪似帶笠而釣者然無牽合意

隨見錄洋銅茶弔來自海外紅銅盪錫薄而輕精而雅烹茶最宜

續茶經卷中　男　紹良　較字

續茶經卷下

嘉定陸廷燦　幔亭　輯

五之煮

唐陸羽六羨歌不羨黄金罍不羨白玉盃不羨朝入省不羨暮入臺千羨萬羨西江水曾向竟陵城下來

唐張又新水記故刑部侍郎劉公諱伯芻于又新丈人行也爲學精博有風鑒稱較水之與茶宜者凡七等揚子江南零水第一無錫惠山寺石水第二蘇州虎邱寺石水第三丹陽縣觀音寺井水第四大明寺井水第五吳淞江水第六淮水最下第七余嘗俱瓶

於舟中親挹而比之誠如其說也客有熟於兩浙者言搜訪未盡余嘗志之及刺永嘉過桐廬江至嚴瀨溪色至清水味甚冷煎以佳茶不可名其鮮馥也愈於揚子南零殊遠及至永嘉取仙巖瀑布用之亦不下南零以是知客之說信矣

陸羽論水次第凡二十種廬山康王谷水簾水第一無錫惠山寺石泉水第二蘄州蘭溪石下水第三峽州扇子山下蝦蟆口水第四蘇州虎邱寺石泉水第五廬山招賢寺下方橋潭水第六揚子江南零水第七洪州西山瀑布泉第八唐州桐柏縣淮水源第九

廬州龍池山嶺水第十丹陽縣觀音寺水第十一揚州大明寺水第十二漢江金州上游中零水第十三（水苦）歸州玉虛洞下香溪水第十四商州武關西洛水第十五吳淞江水第十六天台山西南峰千丈瀑布水第十七郴州圓泉水第十八桐廬嚴陵灘水第十九雪水第二十（用雪不可太冷）

唐顧況論茶煎以文火細烟煮以小鼎長泉

蘇廙仙芽傳第九卷載作湯十六法謂湯者茶之司命若名茶而濫湯則與凡味同調矣煎以老嫩言凡三品注以緩急言凡三品以器標者共五品以薪論

者共五品一得一湯二嬰湯三百壽湯四中湯五斷脈湯六大壯湯七富貴湯八秀碧湯九壓一湯十纏口湯十一減價湯十二法律湯十三一面湯十四宵人湯十五賤湯十六魔湯

丁用晦芝田錄唐李衛公德裕喜惠山泉取以烹茗自常州到京置驛騎傳送號曰水遞後有僧某曰請爲相公通水脉蓋京師有一眼井與惠山泉脉相通汲以烹茗味殊不異公問井在何坊曲曰昊天觀常住庫後是也因取惠山昊天各一瓶雜以他水八瓶令僧辨晰僧止取二瓶井泉德裕大加奇嘆

事文類聚贊皇公李德裕居廊廟日有親知奉使於京口公曰還日金山下揚子江南零水與取一壺來其人敬諾及使回舉棹日因醉而忘之泛舟至石城下方憶乃汲一瓶於江中歸京獻之公飲後歎訝非常曰江表水味有異於頃歲矣此水頗似建業石頭城下水也其人即謝過不敢隱

河南通志盧仝茶泉在濟源縣仝有莊在濟源之通濟橋二里餘茶泉存焉其詩曰買得一片田濟源花洞前自號玉川子有寺名玉泉汲此寺之泉煎茶有玉川子飲茶歌句多奇警

黄州志陸羽泉在蘄水縣鳳棲山下一名蘭溪泉羽品爲天下第三泉也嘗汲以烹茗宋王元之有詩

無盡法師天台志陸羽品水以此山瀑布泉爲天下第十七水余嘗試飲比余豳溪蒙泉殊劣余疑鴻漸但得至瀑布泉耳苟徧歷天台當不取金山爲第一也

海錄陸羽品水以雪水第二十以煎茶滯而太冷也

陸平泉茶寮記唐秘書省中水最佳故名秘水

檀几叢書唐天寶中稠錫禪師名清晏卓錫南嶽磵上泉忽迸石窟間字曰眞珠泉師飲之清甘可口曰

得此瀹吾鄉桐廬茶不亦稱乎

大觀茶論水以輕清甘潔爲美用湯以魚蟹眼連絡迸躍爲度

咸淳臨安志棲霞洞內有水洞深不可測水極甘冽魏公嘗調以瀹茗又蓮花院有三井露井最良取以烹茗清甘寒冽品爲小林第一

王氏談錄公言茶品高而年多者必稍陳遇有茶處春初取新芽輕炙雜而烹之氣味自復在襄陽試作甚佳嘗語君謨亦以爲然

歐陽修浮槎水記浮槎與龍池山皆在廬州界中較

其味不及浮槎遠甚而又新所記以龍池爲第十浮槎之水棄而不錄以此知又新所失多矣陸羽則不然其論曰山水上江次之井爲下山水乳泉石池漫流者上其言雖簡而於論水盡矣

蔡襄茶錄　茶或經年則香色味皆陳煑時先於淨器中以沸湯漬之刮去膏油去聲一兩重即止乃以鈐拑之用微火炙乾然後碎碾若當年新茶則不用此說碾時先以淨紙密裹搥碎然後熟碾其大要旋碾則色白如經宿則色昏矣

碾畢卽羅羅細則茶浮麤則沫浮

候湯最難未熟則沫浮過熟則茶沉前世謂之蟹眼者過熟湯也沉瓶中煑之不可辨故曰候湯最難

茶少湯多則雲脚散湯少茶多則粥面聚建人謂之雲脚粥面鈔茶一錢匕先注湯調令極勻又添注入環迴擊拂湯上盞可四分則止眂其面色鮮白著盞無水痕爲絶佳建安鬭試以水痕先退者爲負耐久者爲勝故校勝負之說曰相去一水兩水

茶有眞香而入貢者微以龍腦和膏欲助其香建安民間試茶皆不入香恐奪其眞也若烹點之際又雜以珍果香草其奪益甚正當不用

陶穀清異錄饌茶而幻出物象於湯面者茶匠通神之藝也沙門福全生於金鄉長於茶海能注湯幻茶成一句詩如並點四甌共一首絶句泛於湯表小小物類唾手辦爾檀越日造門求觀湯戲全自咏詩曰生成盞裏水丹青巧畫工夫學不成却笑當時陸鴻漸煎茶贏得好名聲

茶至唐而始盛近世有下湯運匕別施妙訣使湯紋水脉成物象者禽獸蟲魚花草之屬纖巧如畫但須臾即就散滅此茶之變也時人謂之茶百戲

又有漏影春法用鏤紙貼盞糝茶而去紙僞爲花身

別以荔肉爲葉松實鴨脚之類珍物爲蕊沸湯點攪

煑茶泉品予少得温氏所著茶說嘗識其水泉之目有二十焉會西走巴峽經蝦蟇窟北憩蕪城汲蜀岡井東遊故都絶揚子江留丹陽酌觀音泉過無錫㪺慧山水粉槍末旗蘇蘭薪桂且鼎且缶以飲以歠莫不淪氣滌慮蠲病析醒袪鄙恡之生心招神明而還觀信乎物類之得宜臭味之所感幽人之佳尚前賢之精鑒不可及已昔酈元善於水經而未嘗知茶王肅癖於茗飲而言不及水表是二美吾無愧焉

魏泰東軒筆錄鼎州北百里有甘泉寺在道左其泉

清美最宜瀹茗林麓廻抱境亦幽勝寇萊公謫守雷州經此酌泉誌壁而去未幾丁晉公竄朱崖復經此禮佛留題而行天聖中范諷以殿中丞安撫湖外至此寺覩二相留題徘徊慨嘆作詩以誌其旁曰平仲酌泉方頓轡謂之禮佛繼南行層巒下瞰嵐烟路轉使高僧薄寵榮

張邦基墨莊漫錄元祐六年七夕日東坡時知揚州與發運使晁端彦吳倅晁无咎大明寺汲塔院西廊井與下院蜀井二水校其高下以塔院水爲勝

華亭縣有寒穴泉與無錫惠山泉味相同並嘗之不

覺有異邑人知之者少王荆公嘗有詩云神震冽冰霜高穴雪與平空山渟千秋不出鳴咽聲山風吹更寒山月相與清北客不到此如何洗煩酲

羅大經鶴林玉露余同年友李南金云茶經以魚目湧泉連珠爲煑水之節然近世瀹茶鮮以鼎鍑用瓶煑水難以候視則當以聲辨一沸二沸三沸之節又陸氏之法以末就茶鍑故以第二沸爲合量而下未若今以湯就茶甌瀹之則當用背二涉三之際爲合量也乃爲聲辨之詩曰砌虫唧唧萬蟬催忽有千車捆載來聽得松風并澗水急呼縹色綠磁盃其論固

已精矣然瀹茶之法湯欲嫩而不欲老蓋湯嫩則茶味甘老則過苦矣若聲如松風澗水而遽瀹之豈不過於老而苦哉惟移瓶去火少待其沸止而瀹之然後湯適中而茶味甘此南金之所未講也因補一詩云松風桂雨到來初急引銅瓶離竹爐待得聲聞俱寂後一甌春雪勝醍醐

趙彥衛雲麓漫抄 陸羽別天下水味各立名品有石刻行於世列子云孔子淄澠之合易牙能辨之易牙齊威公大夫淄澠二水易牙知其味威公不信數試皆驗陸羽豈得其遺意乎

黃山谷集瀘州大雲寺西偏崖石上有泉滴瀝一州泉味皆不及也

林逋烹北苑茶有懷石碾輕飛瑟瑟塵乳花烹出建溪春人間絶品應難識閑對茶經憶故人

東坡集予頃自汴入淮泛江泝峽歸蜀飲江淮水蓋彌年既至覺井水腥澀百餘日然後安之以此知江水之甘於井也審矣今來嶺外自揚子始飲江水及至南康江益清駛水益甘則又知南江賢於北江也近度嶺入清遠峽水色如碧玉味益勝今游羅浮酌泰禪師錫杖泉則清遠峽水又在其下矣嶺外惟惠

州人喜鬬茶此水不虛出也

惠山寺東爲觀泉亭堂曰漪瀾泉在亭中二井石甃相去咫尺方圓異形汲者多由圓井蓋方動圓靜靜淸而動濁也流過漪瀾從石龍口中出下赴大池者有土氣不可汲泉流冬夏不涸張又新品爲天下第二泉

避暑錄話 裴晉公詩云飽食緩行初睡覺一甌新茗侍兒煎脫巾斜倚繩床坐風送水聲來耳邊公爲此詩必自以爲得意然吾山居七年享此多矣

馮璧東坡海南烹茶圖詩 講筵分賜密雲龍春夢分

明覺亦空地惡九鑽黎火洞天游兩腋玉川風

萬花谷黄山谷有井水帖云取井傍十數小石置瓶中令水不濁故咏慧山泉詩云錫谷寒泉撱音妥石俱是也石圓而長曰撱所以澄水

茶家碾茶須碾着眉上白乃爲佳曾茶山詩云碾處須看眉上白分時爲見眼中青

輿地紀勝竹泉在荆州府松滋縣南宋至和初苦竹寺僧浚井得筆後黄庭堅謫黔過之視筆曰此吾蝦蟇碚所墜因知此泉與之相通其詩曰松滋縣西竹林寺苦竹林中甘井泉巴人謾說蝦蟇碚試裹春茶

來就煎

周輝清波雜志余家惠山泉石皆爲几案間物親舊東來數問松竹平安信且時致陸子泉茗椀殊不落寞然頃歲亦可致於汴都但未免瓶盎氣用細砂淋過則如新汲時號拆洗惠山泉天台竹瀝水彼地人斷竹稍屈而取之盈甕若雜以他水則亟敗蘇才翁與蔡君謨比茶蔡茶精用惠山泉煮蘇茶劣用竹瀝水煎便能取勝此說見江鄰幾所著嘉祐雜志果爾今喜擊拂者曾無一語及之何也雙井因山谷乃重

蘇魏公嘗云平生薦舉不知幾何人唯孟安序朝奉

歲以雙井一瓮爲餉盖公不納苞苴顧獨受此其亦
珍之耶

東京記文德殿兩掖有東西上閤門故杜詩云東上
閤之東有井泉絶佳山谷憶東坡烹茶詩云閤門井
不落第二竟陵谷簾定誤書

陳舜俞廬山記康王谷有水簾飛泉破巖而下者二
三十派其廣七十餘尺其高不可計山谷詩云谷簾
煑甘露是也

孫月峰坡仙食飲錄唐人煎茶多用薑故薛能詩云
鹽損添常戒薑宜着更誇據此則又有用鹽者矣近

世有此二物者輒大笑之然茶之中等者用薑煎信佳鹽則不可

馮可賓岕茶牋茶雖均出於岕有如蘭花香而味甘過霉歷秋開罎烹之其香愈烈味若新沃以湯色尚白者眞洞山也他嶰初時亦香秋則索然矣

羣芳譜世人情性嗜好各殊而茶事則十人而九竹爐火候茗椀清緣煑引風之碧雲傾浮花之雪乳非藉湯勳何昭茶德略而言之其法有五一曰擇水二曰簡器三曰忌溷四曰慎煑五曰辨色

吳興掌故錄湖州金沙泉至元中中書省遣官致祭

一夕水溢漑田千畝賜名瑞應泉

職方志廣陵蜀岡上有井曰蜀井言水與西蜀相通茶品天下水有二十種而蜀岡水爲第七

遵生八牋凡點茶先須熁盞令熱則茶面聚乳冷則茶色不浮熁音脅火迫也

陳眉公太平清話余嘗酌中泠劣於惠山殊不可解後攷之乃知陸羽原以廬山谷簾泉爲第一山疏云陸羽茶經言瀑瀉湍激者勿食今此水瀑瀉湍激無如矣乃以爲第一何也又雲液泉在谷簾側山多雲母泉其液也洪纖如指清冽甘寒遠出谷簾之上乃

不得第一又何也又碧琳池東西兩泉皆極甘香其味不減惠山而東泉尤冽

蔡君謨湯取嫩而不取老蓋爲團餅茶言耳今旋芽鎗甲湯不足則茶神不透茶色不明故茗戰之捷尤在五沸

徐渭煎茶七類 煮茶非漫浪要須其人與茶品相得故其法每傳於高流隱逸有烟霞泉石磊塊於胸次間者

品泉以井水爲下井取汲多者汲多則水活

候湯眼鱗鱗起沫餑鼓泛投茗器中初入湯少許俟

湯茗相投，即滿注雲脚漸開乳花浮面則味全蓋古茶用團餅碾屑味易出葉茶驟則乏味過熟則味昏底滯

張源茶録山頂泉清而輕山下泉清而重石中泉清而甘砂中泉清而冽土中泉清而厚流動者良於安靜負陰者勝於向陽山削者泉寡山秀者有神眞源無味眞水無香流於黄石爲佳瀉出青石無用

湯有三大辨一曰形辨二曰聲辨三曰捷辨形爲内辨聲爲外辨捷爲氣辨如蝦眼蟹眼魚目連珠皆爲萌湯直至湧沸如騰波鼓浪水氣全消方是純熟如

初聲轉聲振聲駭聲皆爲萌湯直至無聲方是純熟如氣浮一縷二縷三縷及縷亂不分氤氳繚繞皆爲萌湯直至氣直冲貫方是純熟蔡君謨因古人製茶碾磨作餅則見沸而茶神便發此用嫩而不用老也今時製茶不假羅碾全具元體湯須純熟元神始發也

爐火通紅茶銚始上扇起要輕疾待湯有聲稍稍重疾斯文武火之候也若過乎文則水性柔柔則水爲茶降過於武則火性烈烈則茶爲水制皆不足於中和非茶家之要旨

投茶有序無失其宜先茶後湯曰下投湯半下茶復以湯滿曰中投先湯後茶曰上投夏宜上投冬宜下投春秋宜中投

不宜用惡木敝器銅匙銅銚木桶柴薪烟煤麩炭粗童惡婢不潔巾帨及各色果實香藥

謝肇淛五雜組唐薛能茶詩云鹽損添嘗戒薑宜著更誇煮茶如是味安得佳此或在竟陵翁未品題之先也至東坡和寄茶詩云老妻稚子不知愛一半已入薑鹽煎則業覺其非矣而此習猶在也今江右及楚人尚有以薑煎茶者雖云古風終覺未典

閩人苦山泉難得多用雨水其味甘不及山泉而清過之然自淮而北則雨水苦黑不堪煑茗矣惟雪水冬月藏之入夏用乃絶佳夫雪固雨所凝也宜雪而不宜雨何哉或曰北方瓦屋不淨多用穢泥塗塞故耳

古時之茶曰煑曰烹曰煎須湯如蟹眼茶味方中今之茶惟用沸湯投之稍著火即色黄而味澀不中飲矣迺知古今煑法亦自不同也

蘇才翁鬭茶用天台竹瀝水乃竹露非竹瀝也若今醫家用火逼竹取瀝斷不宜茶矣

顧元慶茶譜煎茶四要一擇水二洗茶三候湯四擇品點茶三要一滌器二熁盞三擇果

熊明遇岕山茶記烹茶水之功居六無山泉則用天水秋雨爲上梅雨次之秋雨冽而白梅雨醇而白雪水五穀之精也色不能白養水須置石子於甕不惟益水而白石清泉會心亦不在遠

雪庵清史余性好清苦獨與茶宜幸近茶鄉恣我飲啜乃友人不辨三火三沸法余每過飲非失過老則失太嫩致令甘香之味蕩然無存蓋誤於李南金之說耳如羅玉露之論乃爲得火候也友曰吾性惟好

讀書玩佳山水作佛事或時醉花前不愛水厄故不精於火候昔人有言釋滯消壅一日之利暫佳瘠氣耗精終身之害斯大獲益則歸功茶力貽害則不謂茶災豈受俗名緣此之故噫茶寃甚矣不聞秃翁之言釋滯消壅清苦之益實多瘠氣耗精情慾之害最大獲益則不謂茶力自害則反謂茶殃且無火候不獨一茶讀書而不得其趣玩山水而不會其情學佛而不破其宗好色而不飲其韻皆無火候者也豈余愛茶而故爲茶吐氣哉亦欲以此清苦之味與故人共之耳

煑茗之法有六要一曰別二曰水三曰火四曰湯五曰器六曰飲有觕茶有散茶有末茶有餅茶有研者有熬者有煬者有舂者余幸得產茶方又兼得烹茶六要每遇好朋便手自煎烹但願一甌常及眞不用撐腸拄腹文字五千卷也故曰飲之時義遠矣哉

田藝蘅煑泉小品茶南方嘉木日用之不可少者品固有媺惡若不得其水且煑之不得其宜雖佳弗佳也但飲泉覺爽啜茗忘喧謂非膏粱紈袴可語爰著煑泉小品與枕石漱流者商焉

陸羽嘗謂烹茶於所產處無不佳蓋水土之宜也此

論誠妙況旋摘旋瀹兩及其新耶故茶譜亦云蒙之中頂茶若獲一兩以本處水煎服卽能袪宿疾是也今武林諸泉惟龍泓入品而茶亦惟龍泓山爲最蓋兹山深厚高大佳麗秀越爲兩山之主故其泉清寒甘香雅宜煑茶虞伯生詩但見瓢中清翠影落羣岫烹煎黃金芽不取穀雨後姚公綬詩品嘗顧渚風斯下零落茶經奈爾何則風味可知矣又況爲葛仙翁煉丹之所哉又其上爲老龍泓寒碧倍之其地產茶爲南北兩山絕品鴻漸第錢塘天竺靈隱者爲下品當未識此耳而郡志亦只稱寶雲香林白雲諸茶皆

未若龍泓清馥雋永也余嘗一一試之求其茶泉雙絕兩浙罕伍云

山厚者泉厚山奇者泉奇山清者泉清山幽者泉幽皆佳品也不厚則薄不奇則蠢不清則濁不幽則喧必無用矣

江公也衆水共入其中也水共則味雜故曰江水次之其水取去人遠者蓋去人遠則湛深而無蕩漾之漓耳

嚴陵瀨一名七里灘蓋沙石上曰瀨曰灘也總謂之浙江但潮汐不及而且深澄故入陸品耳余嘗清秋

泊釣臺下取囊中武夷金華二茶試之固一水也武夷則黃而燥冽金華則碧而清香乃知擇水當擇茶也鴻漸以婺州爲次而清臣以白乳爲武夷之右今優劣頓反矣意者所謂離其處水功其半者耶

去泉再遠者不能日汲須遣誠實山僮取之以免石頭城下之僞蘇子瞻愛玉女河水付僧調水符以取之亦惜其不得枕流焉耳故曾茶山謝送惠山泉詩有舊時水遞費經營之句

湯嫩則茶味不出過沸則水老而茶乏惟有花而無衣乃得點瀹之候耳

有水有茶不可以無火非無火也失所宜也李約云茶須活火煎蓋謂炭火之有焰者東坡詩云活水仍將活火烹是也余則以爲山中不常得炭且死火耳不若枯松枝爲妙遇寒月多拾松實房蓄爲煑茶之具更雅

人但知湯候而不知火候火然則水乾是試火當先於試水也呂氏春秋伊尹說湯五味九沸九變火爲之紀

許次杼茶疏甘泉旋汲用之斯良丙舍在城夫豈易得故宜多汲貯以大甕但忌新器爲其火氣未退易

於敗水亦易生蟲久用則善最嫌他用水性忌木松杉爲甚木桶貯水其害滋甚挈瓶爲佳耳

沸速則鮮嫩風逸沸遲則老熟昏鈍故水入銚便須急煮候有松聲即去蓋以息其老鈍蟹眼之後水有微濤是爲當時大濤鼎沸旋至無聲是爲過時過時老湯決不堪用

茶注茶銚茶甌最宜蕩滌飲事甫畢餘瀝殘葉必盡去之如或少存奪香敗味每日晨興必以沸湯滌過用極熟麻布向內拭乾以竹編架覆而庋之燥處烹時取用

三人以上止熱一爐如五六人便當兩鼎爐用一童湯方調適若令兼作恐有參差

火必以堅木炭爲上然本性未盡尚有餘烟烟氣入湯湯必無用故先燒令紅去其烟焰兼取性力猛熾水乃易沸旣紅之後方授水器乃急扇之愈速愈妙毋令手停停過之湯寧棄而再烹

茶不宜近陰室廚房市喧小兒啼野性人僮奴相鬩酷熱齋舍

羅廪茶解 茶色白味甘鮮香氣撲鼻乃爲精品茶之精者淡亦白濃亦白初潑白久貯亦白味甘色白其

香自溢三者得則俱得也近來好事者或慮其色重一注之水投茶數片味固不足香亦窅然終不免水厄之誚雖然尤貴擇水香以蘭花爲上蠶豆花次之

煮茗須甘泉次梅水梅雨如膏萬物賴以滋養其味獨甘梅後便不堪飲大甕滿貯投伏龍肝一塊以澄之即竈中心乾土也乘熱投之

李南金謂當背二涉三之際爲合量此真賞鑒家言而羅鶴林懼湯老欲於松風澗水後移瓶去火少待沸止而瀹之此語亦未中窾殊不知湯既老矣雖去火何救哉

貯水甕須置於陰庭覆以紗帛使晝挹天光夜承星露則英華不散靈氣常存假令壓以木石封以紙箬暴於日中則內閉其氣外耗其精水神敝矣水味敗矣

考槃餘事今之茶品與茶經迥異而烹製之法亦與蔡陸諸人全不同矣

始如魚目微微有聲爲一沸緣邊湧泉如連珠爲二沸奔濤濺沫爲三沸其法非活火不成若薪火方交水釜纔熾急取旋傾水氣未消謂之懶若人過百息水踰十沸始取用之湯已失性謂之老老與懶皆非

也

夷門廣牘虎邱石泉舊居第三漸品第五以石泉渟泓皆雨澤之積滲竇之潰也況闔廬墓隧當時石工多閟死僧衆上棲不能無穢濁滲入雖名陸羽泉非天然水道家服食禁屍氣也

六硯齋筆記武林西湖水取貯大缸澄淀六七日有風雨則覆晴則露之使受日月星之氣用以烹茶甘淳有味不遜慧麓以其溪谷奔注涵浸凝渟非復一水取精多而味自足耳以是知凡有湖陂大浸處皆可貯以取澄絶勝淺流陰井昏滯腥薄不堪點試也

古人好奇飲中作百花熟水又作五色飲及氷蜜糖藥種種各殊余以爲皆不足尚如値精茗適乏細劚松枝瀹湯漱嚥而已

竹嬾茶衡 處處茶皆有然勝處未暇悉品姑據近道日御者虎邱氣芳而味薄乍入盎菁英浮動鼻端拂拂如蘭初析經喉吻亦快然然必惠麓水甘醇足佐其寡薄龍井味極腆厚色如淡金氣亦沉寂而咀嚥之久鮮腴潮舌又必藉虎跑空寒熨齒之泉發之然後飲者領雋永之滋無昏滯之恨耳

松雨齋運泉約 吾輩竹雪神期松風齒頰暫隨飲啄

人間終擬消搖物外名山未即塵海何辭然而搜奇煉句液瀝易枯滌滯洗蒙茗泉不廢月團三百喜折魚緘槐火一篝驚翻蟹眼陸季疵之著述既奉典刑張又新之編摩能無鼓吹昔衛公宦達中書頗煩遞水杜老潛居夔峽險叫濕雲今者環處惠麓踰二百里而遥問渡松陵不三四月而致登新捐舊轉手妙若轆轤取便費廉用力省於桔槔凡吾清士咸赴嘉盟

運惠水每罈償舟力費銀二分　水罈罈價及罈蓋自備不計　水至走報各友令人自擡　每月

上旬斂銀中旬運水月運一次以致清新

願者書號於左以便登冊併開罈數如數付銀

某月某日付　松雨齋主人謹訂

《岕茶彙鈔》烹時先以上品泉水滌烹器務鮮務潔次以熱水滌茶葉水若太滾恐一滌味損當以竹筯夾茶於滌器中反覆洗蕩去塵土黃葉老梗既盡乃以手搦乾置滌器內蓋定少刻開眎色青香烈急取沸水潑之夏先貯水入茶冬先貯茶入水

茶色貴白然白亦不難泉清瓶潔葉少水洗旋烹旋啜其色自白然眞味抑鬱徒爲目食耳若取青綠則

天池松蘿及岕之最下者雖冬月色亦如苔衣何足爲妙若余所收眞洞山茶自穀雨後五日者以湯薄澣貯壺良久其色如玉至冬則嫩綠味甘色淡韻清氣醇亦作嬰兒肉香而芝芬浮蕩則虎邱所無也

洞山茶系　岕茶德全策勳惟歸洗控沸湯潑葉卽起洗鬲斂其出液候湯可下指卽下洗鬲排蕩沙沫復起併指控乾閉之茶藏候投蓋他茶欲按時分投惟岕旣經洗控神理綿綿止須上投耳

天下名勝志　宜興縣湖汶鎮有於潛泉竇穴濶二尺許狀如井其源洑流潛通味頗甘冽唐修茶貢此泉

亦邇進

洞庭縹緲峰西北有水月寺寺東入小青塢有泉瑩澈甘涼冬夏不涸宋李彌大名之曰無礙泉

安吉州碧玉泉爲冠清可鑒髮香可瀹茗

徐獻忠水品泉甘者試稱之必厚重其所由來者遠大使然也江中南零水自岷江發源數千里始澄於兩石間其性亦重厚故甘也

處士茶經不但擇水其火用炭或勁薪其炭曾經燔爲腥氣所及及膏木敗器不用之古人辨勞薪之味殆有旨也

山深厚者雄大者氣盛麗者必出佳泉

張大復梅花筆談茶性必發於水八分之茶遇十分之水茶亦十分矣八分之水試十分之茶茶只八分耳

巖棲幽事黃山谷賦洶洶乎如澗松之發清吹浩浩乎如春空之行白雲可謂得煎茶三昧

劍掃煎茶乃韻事須人品與茶相得故其法往往傳於高流隱逸有烟霞泉石磊塊胸次者

湧幢小品天下第四泉在上饒縣北茶山寺唐陸鴻漸寓其地即山種茶酌以烹之品其等爲第四邑人

尚書楊麒讀書於此因取以爲號

余在京三年取汲德勝門外水烹茶最佳

大內御用井亦西山泉脉所灌眞天漢第一品陸羽所不及載

俗語芒種逢壬便立霉霉後積水烹茶甚香洌可久藏一交夏至便迥别矣試之良驗

家居苦泉水難得自以意取尋常水煮滚入大磁鋼置庭中避日色俟夜天色皎潔開鋼受露凡三夕其清澈底積垢二三寸亟取出以罎盛之烹茶與惠泉無異

聞龍宅泉記吾鄉四郵皆山泉水在在有之然皆淡而不甘獨所謂宅泉者其源出自四明自洞抵埭不下三數百里水色蔚藍素砂白石粼粼見底清寒甘滑甲於郡中

玉堂叢語黄諫常作京師泉品郊原玉泉第一京城文華殿東大庖井第一後謫廣州評泉以雞爬井爲第一更名學士泉

吴栻云武夷泉出南山者皆潔洌味短北山泉味迥别蓋兩山形似而脉不同也予攜茶具共訪得三十九處其最下者亦無硬洌氣質

王新城隴蜀餘聞百花潭有巨石三水流其中汲之煎茶清冽異於他水

居易錄濟源縣段少司空園是玉川子煎茶處中有二泉或曰玉泉去盤谷不十里門外一水曰漭水出王屋山按通志玉泉在瀧水上盧仝煎茶於此今水經注不載

分甘餘話一水水名也酈元水經注渭水又東會一水發源吳山地里志吳山古汧山也山下石穴水溢石空懸波側注按此即一水之源在靈應峰下所謂西鎭靈湫是也余丙子祭告西鎭常品茶於此味與

西山玉泉極相似

古夫于亭雜録唐劉伯芻品水以中泠爲第一惠山虎邱次之陸羽則以康王谷爲第一而次以惠山古今耳食者遂以爲不易之論其實二子所見不過江南數百里內之水遠如峽中蝦蟇碚纔一見耳不知大江以北如吾郡發地皆泉其著名者七十有二以之烹茶皆不在惠泉之下宋李文叔格非郡人也嘗作濟南水記與洛陽名園記並傳惜水記不存無以正二子之陋耳謝在杭品平生所見之水首濟南趵突次以益都孝婦泉在顏神鎮青州范公泉而尚未見章

邱之百脉泉右皆吾郡之水二子何嘗多見耶嘗題王秋史苹二十四泉草堂云翻憐陸鴻漸跬步限江東正此意也

陸次雲湖壖雜記龍井泉從龍口中瀉出水在池内其氣恬然若遊人注視久之忽波瀾湧起如欲雨之狀

張鵬翮奉使日記葱嶺乾澗側有舊二井從旁掘地七八尺得水甘洌可煑茗字之曰塞外第一泉

廣輿記永平灤州有扶蘇泉甚甘洌秦太子扶蘇嘗憩此

江寧攝山千佛嶺下石壁上刻隸書六字曰白乳泉
試茶亭

鍾山八功德水一清二冷三香四柔五甘六淨七不
饐八蠲痾

丹陽玉乳泉唐劉伯芻論此水爲天下第四

寧州雙井在黄山谷所居之南汲以造茶絶勝他處

杭州孤山下有金沙泉唐白居易嘗酌此泉甘美可
愛視其地沙光燦如金因名

安陸府沔陽有陸子泉一名文學泉唐陸羽嗜茶得
泉以試故名

增訂廣輿記玉泉山泉出石罅間因鑿石爲螭頭泉從口出味極甘美瀦爲池廣三丈東跨小石橋名曰玉泉垂虹

武夷山志山南虎嘯巖語兒泉濃若停膏瀉杯中鑑毛髮味甘而博啜之有軟順意次則天柱三敲泉而茶園喊泉又可伯仲矣北山泉味迥別小桃源一泉高地尺許汲不可竭謂之高泉純遠而逸致韻雙發愈啜愈想愈深不可以味名也次則接筍之仙掌露其最下者亦無硬冽氣質

中山傳信錄琉球烹茶以茶末雜細粉少許入碗沸

水半甌用小竹帚攪數十次起沫滿甌面爲度以敬客且有以大螺殼烹茶者

隨見録 安慶府宿松縣東門外孚玉山下福昌寺旁井曰龍井水味清甘瀹茗甚佳質與溪泉較重

續茶經卷下終

男 紹良 較字

續茶經卷下

嘉定陸廷燦　幔亭　輯

六之飲

盧仝茶歌日高丈五睡正濃軍將扣門驚周公口傳諫議送書信白絹斜封三道印開緘宛見諫議面手閱月團三百片聞道新年入山裏蟄蟲驚動春風起天子未嘗陽羨茶百草不敢先開花仁風暗結珠蓓蕾先春抽出黃金芽摘鮮焙芳旋封裹至精至好且不奢至尊之餘合王公何事便到山人家柴門反關無俗客紗帽籠頭自煎吃碧雲引風吹不斷白花浮

光凝椀面一椀喉吻潤二椀破孤悶三椀搜枯腸惟有文字五千卷四椀發輕汗平生不平事盡向毛孔散五椀肌骨清六椀通仙靈七椀吃不得也唯覺兩腋習習清風生

唐馮贄記事珠建人謂鬬茶曰茗戰

北堂書鈔杜育荈賦云茶能調神和內解倦除慵

續博物志南人好飲茶孫皓以茶與韋曜代酒謝安詣陸納設茶果而已北人初不識此唐開元中泰山靈巖寺有降魔師教學禪者以不寐法令人多作茶飲因以成俗

大觀茶論點茶不一以分輕清重濁相稀稠得中可欲則止桐君錄云若有餑飲之宜人雖多不爲貴也夫茶以味爲上香甘重滑爲味之全惟北苑壑源之品兼之卓絕之品眞香靈味自然不同

茶有眞香非龍麝可擬要須蒸及熟而壓之及乾而研研細而造則和美具足入盞則馨香四達秋爽灑然

點茶之色以純白爲上眞青白爲次灰白次之黃白又次之天時得于上人力盡于下茶必純白青白者蒸壓微生灰白者蒸壓過熟壓膏不盡則色青暗焙

火太烈則色昏黑

蘇文忠集予去黃十七年復與彭城張聖途丹陽陳輔之同來院僧梵英葺治堂宇比舊加嚴潔茗飲芳冽予問此新茶耶英曰茶性新舊交則香味復予嘗見知琴者言琴不百年則桐之生意不盡緩急清濁常與雨暘寒暑相應此理與茶相近故并記之

王燾集外臺秘要有代茶飲子詩云格韻高絕惟山居逸人乃當作之予嘗依法治服其利膈調中信如所云而其氣味乃一帖煮散耳與茶了無干涉

月兔茶詩環非環玦非玦中有迷離玉兔兒一似佳

人裙上月月圓還缺缺還圓此月一缺圓何年君不見鬬茶公子不忍鬬小團上有雙銜綬帶雙飛鸞坡公嘗遊杭州諸寺一日飲釅茶七椀戲書云示病維摩原不病在家靈運已忘家何須魏帝一丸藥且盡盧仝七椀茶

侯鯖錄東坡論茶除煩去膩世固不可一日無茶然闇中損人不少故或有忌而不飲者昔人云自茗飲盛後人多患氣患黄雖損益相半而消陰助陽益不償損也吾有一法常自珍之每食已輒以濃茶漱口煩膩既去而脾胃不知凡肉之在齒間得茶漱滌乃

盡消縮不覺脫去毋煩挑刺也而齒性便苦緣此漸堅密蠹疾自已矣然率用中茶其上者亦不常有間數日一啜亦不爲害也此大是有理而人罕知者故詳述之

白玉蟾茶歌味如甘露勝醍醐服之頓覺沉疴甦身輕便欲登天衢不知天上有茶無

唐庚鬭茶記政和三年三月壬戌二三君子相與鬭茶于寄傲齋予爲取龍塘水烹之而第其品吾聞茶不問團銙要之貴新水不問江井要之貴活千里致水僞固不可知就令識眞已非活水今我提瓶走龍

塘無數千步此水宜茶昔人以爲不減清遠峽毎歲新茶不過三月至矣罪戾之餘得與諸公從容談笑于此汲泉煮茗以取一時之適此非吾君之力歟

蔡襄茶錄 茶色貴白而餅茶多以珍膏油去聲其面故有青黃紫黑之異善別茶者正如相工之視人氣色也隱然察之于內以肉理潤者爲上既已末之黃白者受水昏重青白者受水詳明故建安人鬬試以青白勝黃白

張淏雲谷雜記 飲茶不知起于何時歐陽公集古錄跋云茶之見前史蓋自魏晋以來有之予按晏子春

秋嬰相齊景公時食脫粟之飯炙三弋五卵茗菜而已又漢王褒僮約有五陽一作武都買茶之語則魏晉之前已有之矣但當時雖知飲茶未若後世之盛也考郭璞注爾雅云樹似梔子冬生葉可煮作羹飲然茶至冬味苦豈可復作羹飲耶飲之令人少睡張華得之以爲異聞遂載之博物志非但飲茶者鮮識茶者亦鮮至唐陸羽著茶經三篇言茶甚備天下益知飲茶其後尚茶成風回紇入朝始驅馬市茶德宗建中間趙贊始興茶稅興元初雖詔罷貞元九年張滂復奏請歲得緡錢四十萬今乃與鹽酒同佐國用所入

不知幾倍于唐矣

品茶要錄余嘗論茶之精絕者其白合未開其細如麥蓋得青陽之輕清者也又其山多帶砂石而號佳品者皆在山南蓋得朝陽之和者也余嘗事閑乘晷景之明淨適亭軒之瀟灑一一皆取品試既而神水生于華池愈甘而新其有助乎昔陸羽號爲知茶然羽之所知者皆今之所謂茶草何哉如鴻漸所論蒸筍併葉畏流其膏蓋草茶味短而淡故常恐去其膏建茶力厚而甘故惟欲去其膏又論福建爲未詳往得之其味極佳由是觀之鴻漸其未至建安歟

謝宗論茶候蠏背之芳香觀蝦目之沸湧故細漚花泛浮餑雲騰昏俗塵勞一啜而散

黃山谷集品茶一人得神二人得趣三人得味六七人是名施茶

沈存中夢溪筆談芽茶古人謂之雀舌麥顆言其至嫩也今茶之美者其質素良而所植之土又美則新芽一發便長寸餘其細如鍼惟芽長爲上品以其質幹土力皆有餘故也如雀舌麥顆者極下材耳乃北人不識誤爲品題予山居有茶論且作嘗茶詩云誰把嫩香名雀舌定來北客未曾嘗不知靈草天然異

一夜風吹一寸長

遵生八牋茶有眞香有佳味有正色烹點之際不宜以珍果香草雜之奪其香者松子柑橙蓮心木瓜梅花茉莉薔薇木樨之類是也奪其色者柿餅膠棗火桃楊梅橘餅之類是也凡飲佳茶去果方覺清絕雜之則味無辨矣若欲用之所宜則惟核桃榛子瓜仁杏仁欖仁栗子雞頭銀杏之類或可用也

徐渭煎茶七類茶入口先須灌漱次復徐啜俟甘津潮舌乃得眞味若雜以花果則香味俱奪矣

飲茶宜涼臺靜室明牕曲几僧寮道院松風竹月晏

坐行吟清談把卷

飲茶宜翰卿墨客緇衣羽士逸老散人或軒冕中之超軼世味者

除煩雪滯滌醒破睡譚渴書倦是時茗椀策勳不減凌烟

許次紓茶疏握茶手中俟湯入壺隨手投茶定其浮沉然後瀉啜則乳嫩清滑而馥郁于鼻端病可令起疲可令爽

一壺之茶只堪再巡初巡鮮美再巡甘醇三巡則意味盡矣余嘗與客戲論初巡爲婷婷嫋嫋十三餘再

巡為碧玉破瓜年三巡以來綠葉成陰矣所以茶注宜小小則再巡已終寧使餘芬剩馥尚留葉中猶堪飯後供啜嗽之用

人必各手一甌毋勞傳送再巡之後清水滌之若巨器屢巡滿中瀉飲待停少溫或求濃苦何異農匠作勞但資口腹何論品賞何知風味乎

煮泉小品唐人以對花啜茶為殺風景故王介甫詩云金谷千花莫漫煎其意在花非在茶也余意以為金谷花前信不宜矣若把一甌對山花啜之當更助風景又何必羔兒酒也

茶如佳人此論最妙但恐不宜山林間耳昔蘇東坡詩云從來佳茗似佳人曾茶山詩云移人尤物衆談誇是也若欲稱之山林當如毛女麻姑自然仙丰道骨不浼烟霞若夫桃臉柳腰亟宜屏諸銷金帳中毋令汚我泉石

茶之團者片者皆出於碾磑之末既損眞味復加油垢卽非佳品總不若今之芽茶也蓋天然者自勝耳曾茶山日鑄茶詩云寶銙自不乏山芽安可無蘇子瞻壑源試焙新茶詩云要知玉雪心腸好不是膏油首面新是也且末茶瀹之有屑滯而不爽知味者當

自辨之

煮茶得宜而飲非其人猶汲乳泉以灌蒿蕕罪莫大焉飲之者一吸而盡不暇辨味俗莫甚焉

人有以梅花菊花茉莉花薦茶者雖風韻可賞究損茶味如品佳茶亦無事此今人薦茶類下茶果此尤近俗是縱佳者能損茶味亦宜去之且下果則必用匙若金銀大非山居之器而銅又生鉎皆不可也若舊稱北人和以酥酪蜀人入以白土此皆蠻飲固不足責

羅廩茶解茶通仙靈然有妙理

山堂夜坐汲泉煮茗至水火相戰如聽松濤傾瀉入杯雲光瀲灧此時幽趣故難與俗人言矣

顧元慶茶譜品茶八要一品二泉三烹四器五試六候七侶八勛

張源茶錄飲茶以客少爲貴衆則喧喧則雅趣乏矣獨啜曰幽二客曰勝三四曰趣五六曰汎七八曰施釃不宜早飲不宜遲釃早則茶神未發飲遲則妙馥先消

雲林遺事倪元鎮素好飲茶在惠山中用核桃松子肉和眞粉成小碗如石狀置于茶中飲之名曰清泉

白石茶

聞龍茶箋東坡云蔡君謨嗜茶老病不能飲日烹而玩之可發來者之一笑也孰知千載之下有同病焉余嘗有詩云年老躭彌甚脾寒量不勝去烹而玩之者幾希矣因憶老友周文甫自少至老茗椀薰爐無時暫廢飲茶日有定期旦明晏食禺中餔時下春黄昏凡六舉而客至烹點不與焉壽八十五無疾而卒非宿植清福烏能畢世安享視好而不能飲者所得不既多乎嘗蓄一龔春壺摩挲寶愛不啻掌珠用之既久外類紫玉內如碧雲眞奇物也後以殉葬

快雪堂漫錄 昨同徐茂吳至老龍井買茶山民十數家各出茶茂吳以次點試皆以爲贋曰眞者甘香而不冽稍冽便爲諸山贋品得一二兩以爲眞物試之果甘香若蘭而山民及寺僧反以茂吳爲非吾亦不能置辨僞物亂眞如此茂吳品茶以虎邱爲第一常用銀一兩餘購其斤許寺僧以茂吳精鑒不敢相欺他人所得雖厚價亦贋物也子晋云本山茶葉微帶黑不甚青翠點之色白如玉而作寒豆香宋人呼爲白雲茶稍綠便爲天池物天池茶中雜數莖虎邱則香味迥别虎邱其茶中王種耶岕茶精者庶幾妃后

天池龍井便爲臣種其餘則民種矣

熊明遇岕山茶記茶之色重味重香重者俱非上品松羅香重六安味苦而香與松羅同天池亦有草萊氣龍井如之至雲霧則色重而味濃矣嘗啜虎邱茶色白而香似嬰兒肉眞稱精絕

邢士襄茶說夫茶中着料碗中着果譬如玉貌加脂蛾眉染黛翻累本色矣

馮可賓岕茶牋茶宜無事佳客幽坐吟咏揮翰倘佯睡起宿醒清供精舍會心賞鑒文僮茶忌不如法惡具主客不韻冠裳苛禮葷肴雜陳忙冗壁間案頭多

惡趣

謝在杭五雜組昔人謂揚子江心水蒙山頂上茶蒙山在蜀雅州其中峯頂尤極險穢虎狼蛇虺所居采得其茶可蠲百疾今山東人以蒙陰山下石衣爲茶當之非矣然蒙陰茶性亦冷可治胃熱之病

凡花之奇香者皆可點湯遵生八牋云芙蓉可爲湯然今牡丹薔薇玫瑰桂菊之屬采以爲湯亦覺清遠不俗但不若茗之易致耳

北方柳芽初茁者采之入湯云其味勝茶曲阜孔林楷木其芽可以烹飲閩中佛手柑橄欖爲湯飲之清

香色味亦旗槍之亞也又或以菉豆微炒投沸湯中傾之其色正綠香味亦不減新茗偶宿荒村中覓茗不得者可以此代也

〔穀山筆麈〕六朝時北人猶不飲茶至以酪與之較惟江南人食之甘至唐始興茶稅宋元以來茶目遂多然皆蒸乾爲末如今香餅之製乃以入貢非如今之食茶止采而烹之也西北飲茶不知起於何時本朝以茶易馬西北以茶爲藥療百病皆瘥此亦前代所未有也

〔金陵瑣事〕恩屯乾道人見萬鎰手軟膝酸云係五藏

皆火不必服藥惟武夷茶能解之茶以東南枝者佳
採得烹以澗泉則茶竪立若以井水即橫

太研齋筆記茶以芳冽洗神非讀書談道不宜褻用
然非眞正契道之士茶之韻味亦未易許量嘗笑時
流持論貴嘶聲之曲無色之茶嘶近於啞古之繞梁
遏雲竟成鈍置茶若無色芳冽必減且芳與鼻觸冽
以舌受色之有無目之所審根境不相攝而取衷於
彼何其悖耶何其謬耶

虎邱以有芳無色擅茗事之品顧其馥郁不勝蘭芷
止與新剝荳花同調鼻之消受亦無幾何至於入口

淡於勺水清泠之淵何地不有乃煩有司章程作僧
流極楚哉

紫桃軒雜綴天目清而不醨苦而不螫正堪與緇流
漱滌筍蕨石瀨則太寒儉野人之飲耳松羅極精者
方堪入供亦濃辣有餘甘芳不足恰如多財賈人縱
復蘊藉不免作蒜酪氣分水貢芽出本不多大葉老
根潑之不動入水煎成番有奇味薦此茗時如得千
年松栢根作石鼎薰燎乃足稱其老氣

鷄蘇佛橄欖仙宋人咏茶語也鷄蘇即薄荷上口芳
辣橄欖久咀回甘合此二者庶得茶蘊曰仙曰佛當

於空玄虛寂中嘿嘿證入不具是舌根者終難與說也

賞名花不宜更度曲烹精茗不必更焚香恐耳目口鼻互牽不得全領其妙也

精茶不宜潑飯更不宜沃醉以醉則燥渴將滅裂吾上味耳精茶豈止當爲俗客吝倘是日汨汨塵務無好意緒即烹就寧俟冷以灌蘭斷不令俗腸汚吾茗君也

羅山廟后岕精者亦芬芳回甘但嫌稍濃乏雲露清空之韻以兄虎邱則有餘以父龍井則不足

天池通俗之才無遠韻亦不致嘔噦寒月諸茶黝黯無色而彼獨翠綠媚人可念也

屠赤水云茶於穀雨候晴明日采製者能治痰嗽療百疾

類林新咏顧彥先曰有味如臛飲而不醉無味如茶飲而醒焉醉人何用也

徐文長秘集致品茶宜精舍宜雲林宜磁瓶宜竹竈宜幽人雅士宜衲子仙朋宜永晝清談宜寒宵兀坐宜松月下宜花鳥間宜清流白石宜綠蘚蒼苔宜素手汲泉宜紅粧掃雪宜船頭吹火宜竹裏飄煙

芸窗清玩茅一相云余性不能飲酒而獨躭味于茗清泉白石可以濯五臟之汚可以澄心氣之哲服之不已覺兩腋習習清風自生吾讀醉鄉記未嘗不神遊焉而間與陸鴻漸蔡君謨上下其議則又爽然自失矣

三才藻異雷鳴茶產蒙山中頂雷發收之服三兩換骨四兩爲地仙

聞雁齋筆記趙長白自言吾生平無他幸但不曾飲井水耳此老于茶可謂能盡其性者今亦老矣甚窮大都不能如曩時猶摩挲萬卷中作茶史故是天壤

間多情人也

袁宏道瓶花史賞花茗賞者上也譚賞者次也酒賞者下也

茶譜博物志云飲眞茶令人少眠此是實事但茶佳乃效且須末茶飲之如葉烹者不效也

太平清話琉球國亦曉烹茶設古鼎于几上水將沸時投茶末一匙以湯沃之少頃奉飲味甚清香

藜牀瀋餘長安婦女有好事者曾侯家睹彩牋曰一輪初滿萬戶皆清若乃狎處衾幃不惟辜負蟾光竊恐嫦娥生妒涓于十五十六二宵聯女伴同志者一

茗一爐相從卜夜名曰伴嫦娥凡有氷心佇垂玉允朱門龍氏拜啟　陸濬原

沈周跋茶錄　樵海先生眞隱君子也平日不知朱門爲何物日偃仰於青山白雲堆中以一瓢消磨半生蓋實得品茶三昧可以羽翼桑苧翁之所不及即謂先生爲茶中董狐可也

王晫快說續記　春日看花郊行一二里許足力小疲口亦少渴忽逢解事僧邀至精舍未通姓名便進佳茗踞竹牀連啜數甌然后言别不亦快哉

衞泳枕中秘　讀罷吟餘竹外茶烟輕颺花深酒後鐺

中聲響初浮箇中風味誰知盧居士可與言者心下快活自省黃宜州豈欺我哉

江之蘭文房約詩書涵聖脉草木棲神明一草一木當其含香吐艷倚檻臨窻眞足賞心悅目助我幽思亟宜烹蒙頂石花悠然啜飮

扶輿沆瀣徃來於奇峯怪石間結成佳茗故幽人逸士紗帽籠頭自煎自喫車聲羊腸無非火候苟飮不盡且漱棄之是又呼陸羽爲茶博士之流也

高士奇天祿識餘飮茶或云始於梁天監中見洛陽伽藍記非也按吳志韋曜傳孫皓每讌饗無不竟日

曜不能飲密賜茶荈以當酒如此言則三國時已知飲茶矣逮唐中世榷茶遂與煮海相抗迄今國計賴之

中山傳信錄琉球茶甌頗大斟茶止二三分用菓一小塊貯匙內此學中國獻茶法也

王復禮茶說花晨月夕賢主嘉賓縱談古今品茶次第天壤間更有何樂奚侯膾鯉炰羔金罍玉液痛飲狂呼始爲得意也范文正公云露芽錯落一番榮綴玉含珠散嘉樹鬬茶味兮輕醍醐鬬茶香兮薄蘭芷沈心齋云香含玉女峯頭露潤帶珠簾洞口雲可稱

岩茗知已

陳鑑虎邱茶經注補鑑親采數嫩葉與茶侶湯愚公小焙烹之眞作荳花香昔之鬻虎邱茶者盡天池也

陳鼎滇黔紀遊貴州羅漢洞深十餘里中有泉一泓其色如黝甘香清冽煑茗則色如渥丹飲之唇齒皆赤七日乃復

瑞草論云茶之爲用味寒若熱渴凝悶胸目澀四肢煩百節不舒聊四五啜與醍醐甘露抗衡也

本草拾遺茗味苦微寒無毒治五臟邪氣益意思令人少臥能輕身明目去痰消渴利水道

蜀雅州名山茶有露鋑芽籛芽皆云火前者言采造於禁火之前也火後者次之又有枳殼芽枸杞芽枇杷芽皆治風疾又有皂莢芽槐芽柳芽乃上春摘其芽和茶作之故今南人輸官茶往往雜以衆葉惟茅蘆竹箬之類不可以入茶自餘山中草木芽葉皆可和合而椿柹葉尤奇眞茶性極冷惟雅州蒙頂出者溫而主療疾

李時珍本草服葳靈仙土茯苓者忌飲茶

羣芳譜療治方氣虛頭痛用上春茶末調成膏置瓦盞內覆轉以巴豆四十粒作一次燒烟燻之曬乾乳

細每服一匙別入好茶末食後煎服立効　又赤白痢下以好茶一斤炙搗爲末濃煎一二盞服久痢亦宜　又二便不通好茶生芝蔴各一撮細嚼滾水冲下卽通屢試立效如嚼不及擂爛滾水送下

〈隨見録〉蘇文忠集載憲宗賜馬總治泄痢腹痛方以生薑和皮切碎如粟米用一大錢并草茶相等煎服元祐二年文潞公得此疾百藥不效服此方而愈

男　紹良　較字

續茶經卷下